中国古代城墙

王 俊 编著

中国商业出版社

图书在版编目（CIP）数据

中国古代城墙／王俊编著．-- 北京：中国商业出版社，2015.5（2023.4重印）

ISBN 978-7-5044-8600-4

Ⅰ．①中… Ⅱ．①王… Ⅲ．①城墙-建筑史-中国-古代 Ⅳ．①TU-098.12

中国版本图书馆 CIP 数据核字（2015）第 117164 号

责任编辑：武维胜

中国商业出版社出版发行

010-63180647　www.c-cbook.com

（100053 北京广安门内报国寺 1 号）

新华书店经销

三河市吉祥印务有限公司印刷

＊

710 毫米×1000 毫米　16 开　12.5 印张　200 千字

2015 年 5 月第 1 版　2023 年 4 月第 3 次印刷

定价：25.00 元

＊　＊　＊　＊

（如有印装质量问题可更换）

《中国传统民俗文化》编委会

主　编　傅璇琮　著名学者，国务院古籍整理出版规划小组原秘书长，清
　　　　　　　　华大学古典文献研究中心主任，中华书局原总编辑

顾　问　蔡尚思　历史学家，中国思想史研究专家

　　　　卢燕新　南开大学文学院教授

　　　　于　娇　泰国辅仁大学教育学博士

　　　　张骁飞　郑州师范学院文学院副教授

　　　　鞠　岩　中国海洋大学新闻与传播学院副教授，中国传统文化
　　　　　　　　研究中心副主任

　　　　王永波　四川省社会科学院文学研究所研究员

　　　　叶　舟　清华大学、北京大学特聘教授

　　　　于春芳　北京第二外国语学院副教授

　　　　杨玲玲　西班牙文化大学文化与教育学博士

编　委　陈鑫海　首都师范大学中文系博士

　　　　李　敏　北京语言大学古汉语古代文学博士

　　　　韩　霞　山东教育基金会理事，作家

　　　　陈　娇　山东大学哲学系讲师

　　　　吴军辉　河北大学历史系讲师

策划及副主编　王　俊

序　言

　　中国是举世闻名的文明古国,在漫长的历史发展过程中,勤劳智慧的中国人创造了丰富多彩、绚丽多姿的文化。这些经过锤炼和沉淀的古代传统文化,凝聚着华夏各族人民的性格、精神和智慧,是中华民族相互认同的标志和纽带,在人类文化的百花园中摇曳生姿,展现着自己独特的风采,对人类文化的多样性发展做出了巨大贡献。中国传统民俗文化内容广博,风格独特,深深地吸引着世界人民的眼光。

　　正因如此,我们必须按照中央的要求,加强文化建设。2006 年 5 月,时任浙江省委书记的习近平同志就已提出:"文化通过传承为社会进步发挥基础作用,文化会促进或制约经济乃至整个社会的发展。"又说,"文化的力量最终可以转化为物质的力量,文化的软实力最终可以转化为经济的硬实力。"(《浙江文化研究工程成果文库总序》)2013 年他去山东考察时,再次强调:中华民族伟大复兴,需要以中华文化发展繁荣为条件。

　　正因如此,我们应该对中华民族文化进行广阔、全面的检视。我们应该唤醒我们民族的集体记忆,复兴我们民族的伟大精神,发展和繁荣中华民族的优秀文化,为我们民族在强国之路上阔步前行创设先决条件。实现民族文化的复兴,必须传承中华文化的优秀传统。现代的中国人,特别是年轻人,对传统文化十分感兴趣,蕴含感情。但当下也有人对具体典籍、历史事实不甚了解。比如,中国是书法大国,谈起书法,有些人或许只知道些书法大家如王羲之、柳公权等的名字,知道《兰亭集序》

是千古书法珍品,仅此而已。

再如,我们都知道中国是闻名于世的瓷器大国,中国的瓷器令西方人叹为观止,中国也因此获得了"瓷器之国"(英语 china 的另一义即为瓷器)的美誉。然而关于瓷器的由来、形制的演变、纹饰的演化、烧制等瓷器文化的内涵,就知之甚少了。中国还是武术大国,然而国人的武术知识,或许更多来源于一部部精彩的武侠影视作品,对于真正的武术文化,我们也难以窥其堂奥。我国还是崇尚玉文化的国度,我们的祖先发现了这种"温润而有光泽的美石",并赋予了这种冰冷的自然物鲜活的生命力和文化性格,如"君子当温润如玉",女子应"冰清玉洁""守身如玉";"玉有五德",即"仁""义""智""勇""洁";等等。今天,熟悉这些玉文化内涵的国人也为数不多了。

也许正有鉴于此,有忧于此,近年来,已有不少有志之士开始了复兴中国传统文化的努力之路,读经热开始风靡海峡两岸,不少孩童以至成人开始重拾经典,在故纸旧书中品味古人的智慧,发现古文化历久弥新的魅力。电视讲坛里一拨又一拨对古文化的讲述,也吸引着数以万计的人,重新审视古文化的价值。现在放在读者面前的这套"中国传统民俗文化"丛书,也是这一努力的又一体现。我们现在确实应注重研究成果的学术价值和应用价值,充分发挥其认识世界、传承文化、创新理论、资政育人的重要作用。

中国的传统文化内容博大,体系庞杂,该如何下手,如何呈现?这套丛书处理得可谓系统性强,别具匠心。编者分别按物质文化、制度文化、精神文化等方面来分门别类地进行组织编写,例如,在物质文化的层面,就有纺织与印染、中国古代酒具、中国古代农具、中国古代青铜器、中国古代钱币、中国古代木雕、中国古代建筑、中国古代砖瓦、中国古代玉器、中国古代陶器、中国古代漆器、中国古代桥梁等;在精神文化的层面,就有中国古代书法、中国古代绘画、中国古代音乐、中国古代艺术、中国古代篆刻、中国古代家训、中国古代戏曲、中国古代版画等;在制度文化的层面,就有中国古代科举、中国古代官制、中国古代教育、中国古代军队、中国古代法律等。

此外,在历史的发展长河中,中国各行各业还涌现出一大批杰出人物,至今闪耀着夺目的光辉,以启迪后人,示范来者。对此,这套丛书也给予了应有的重视,中国古代名将、中国古代名相、中国古代名帝、中国古代文人、中国古代高僧等,就是这方面的体现。

生活在21世纪的我们,或许对古人的生活颇感兴趣,他们的吃穿住用如何,如何过节,如何安排婚丧嫁娶,如何交通出行,孩子如何玩耍等,这些饶有兴趣的内容,这套"中国传统民俗文化"丛书都有所涉猎。如中国古代婚姻、中国古代丧葬、中国古代节日、中国古代民俗、中国古代礼仪、中国古代饮食、中国古代交通、中国古代家具、中国古代玩具等,这些书籍介绍的都是人们颇感兴趣、平时却无从知晓的内容。

在经济生活的层面,这套丛书安排了中国古代农业、中国古代经济、中国古代贸易、中国古代水利、中国古代赋税等内容,足以勾勒出古代人经济生活的主要内容,让今人得以窥见自己祖先的经济生活情状。

在物质遗存方面,这套丛书则选择了中国古镇、中国古代楼阁、中国古代寺庙、中国古代陵墓、中国古塔、中国古代战场、中国古村落、中国古代宫殿、中国古代城墙等内容。相信读罢这些书,喜欢中国古代物质遗存的读者,已经能掌握这一领域的大多数知识了。

除了上述内容外,其实还有很多难以归类却饶有兴趣的内容,如中国古代乞丐这样的社会史内容,也许有助于我们深入了解这些古代社会底层民众的真实生活情状,走出武侠小说家加诸他们身上的虚幻的丐帮色彩,还原他们的本来面目,加深我们对历史真实性的了解。继承和发扬中华民族几千年创造的优秀文化和民族精神是我们责无旁贷的历史责任。

不难看出,单就内容所涵盖的范围广度来说,有物质遗产,有非物质遗产,还有国粹。这套丛书无疑当得起"中国传统文化的百科全书"的美誉。这套丛书还邀约大批相关的专家、教授参与并指导了稿件的编写工作。应当指出的是,这套丛书在写作过程中,既钩稽、爬梳大量古代文化文献典籍,又参照近人与今人的研究成果,将宏观把握与微观考察相结合。在论述、阐释中,既注意重点突出,又着重于论证层次清晰,从多角度、多层面对文化现象与发展加以考察。这套丛书的出版,有助于我们走进古人的世界,了解他们的生活,去回望我们来时的路。学史使人明智,历史的回眸,有助于我们汲取古人的智慧,借历史的明灯,照亮未来的路,为我们中华民族的伟大崛起添砖加瓦。

　　是为序。

傅璇琮

2014 年 2 月 8 日

前　言

　　中国古代的城市建设在世界古代城市建设史中占有很重要的地位，特别是中国古代城市建设的优秀传统历久弥新，曾出现了像隋唐"长安"、北宋"东京"等人口超过百万的大城市，其规划和建设均是当时世界上最高水平，为世界古代文明增添了灿烂的一页。中国一些古城的布局延续至今，仍有其适应性，如从元大都发展为明清的北京城虽几经改建，却仍然保持着核心部分的布局特点。苏州城的历史可上溯至2500年前，这些不仅为中国也为世界提供了古代文明的例证。

　　"城墙"一词原是从"城"字引申而来，"城"按《说文解字》解释，是"盛"的通假字，"盛"的意思是纳民，所以"城"字的本义是筑土围民而成国，由此引出"城墙"一义。唐朝著名诗人李贺的《雁门太守行》一诗中，"黑云压城城欲摧"里的"城"就指"城墙"。被誉为中华民族"脊梁"的"万里长城"的"城"字，也同样是"城墙"之义。随着社会的发展，"城"字又包含了今天的"城市"之义。

　　在古代，城墙是人们为防御外来侵袭所修建的自卫设施。它的出现，跟人们的定居生活紧密相关。在距今 6000 年前的半坡遗址中，人们通过研究一些史书可以了解到半坡人在居住地周围挖掘深沟的目的是用来提防野兽和外部落的袭击。如果把半坡村落视为城市的最初萌芽，深沟也就是当时相当于城墙的设施。随着时间的发展，人们发明筑墙技术后，城墙自然伴随城市同时诞生，这也是古代城市的显著标志之一。

作者收集了大量的历史资料编写了这本关于古城墙的"建筑史话"，其内容丰富多彩，主要包括城市的形成、古城墙知识、古城墙上的防御、古城墙遗址等，集知识性与故事性于一体，是一部非常适合青少年读者阅读的古城墙文化宝典。

目录

第一章　先有城市后有城墙

第二章　昔日城墙今日情

第三章　城墙里的巧妙布局

第四章　古城墙防御史话

第五章　风格各异的古代城墙

第六章　风沙下的断壁残垣

先有城市后有城墙

　　在古代先有城市后筑城墙,高高的城墙是古城的防御建筑,可以阻挡外来力量的侵略。城市是人类社会发展到一定阶段的产物,是人类进入文明时代的标志,迄今为止已有数千年的历史。下面就让我们欣赏一下古代城市的相关知识。

第一节
梦回古城续史话

原始群落的居民点

人类居住的形式由流动的原始群落发展到固定的居民点，其间经历了数十万年的岁月。

旧石器时代，人们过着完全依附于自然的采集流动生活。他们以狩猎、采集树果为主要食物，树巢、洞穴是他们栖身和躲避风雨之处。著名的北京猿人所居住的岩洞就是这一时期的典型代表。根据对目前已发现的人类化石的测定，北京猿人从50多万年前便开始生活在那里，居住的时间长达30万年。他们以狩猎为生，在洞穴里群居，生活水平十分低下。类似的岩洞在我国贵州、广东、浙江、湖北、辽宁等地均有发现，由此也不难看出，天然洞穴是当时被用作住所的一种十分普遍的方式。

巢居的传说在很多古代文献中都有过记载，如《庄子·盗跖》中说："古者禽兽多而人民少，于是民皆巢居以避之，昼拾橡栗，暮栖木上，故命之曰有巢氏之民。"《韩非子·五蠹》载："上古之世，人民少而禽兽众，人民不胜禽兽虫蛇，有圣人作，构木为巢，以避群害。"《孟子·滕文公》载："下者为巢，上者为营窟。"意即地势低洼潮湿而多虫蛇的地区，人们多采用巢居方

古墙

式；地势高亢地区多采用"营窟"方式。

到了距今七八千年的新石器时代，我国广大地区都已进入氏族社会。氏族社会人们的经济生活有了重大的变化，随着磨制石器的广泛使用和陶器的发明，我国农业已较为发展，开始从狩猎、采集进入到锄耕农业和畜牧业，即农业从狩猎、牧业中分离出来，实现了人类第一次社会大分工。农业的出现，使人们的生活有了较为可靠的物质基础，组成氏族公社的先民们便开始聚族而居，修建房屋，从而形成固定的居民聚居点——村落。

 ## 原始居民点的特点

目前我国发掘发现的新石器时代的原始居民点有很多，全国南北各地均有发现，总数达 1000 余处。当时的居民点，大体有如下几个特点：

 ### 1. 位置

原始居民点，一般都选址在背山面水的有利地段，靠近河流的多选在二级阶地上，这样既便于取水，又防备水患。如西安附近沣河中游长约 20 公里的河岸上，分布的原始居民点有 13 处之多。

2. 规模

原始居民点规模大小不等，一般范围较大，分布和居住也比较密集。如甘肃渭河盆地沿岸 70 公里范围内就发现村落 69 处，最大的遗址达 20 多万平方米。内蒙古赤峰东八家石城遗址，东西约 140 米，南北约 160 米（面积约 2.24 万平方米），分布有 80 多处居民遗址。

3. 由成群成片的房屋建筑组合而成

新石器时期，原始居民已普遍建筑房屋，并且比较密集，成群成片。由于全国南北各地气候、地形、材料等不同，房屋建造方式也多种多样，其中具有代表性的有两种方式：一种是木骨泥墙房屋，另一种是干栏式建筑。前者主要分布在北方黄河流域，这里有广阔而丰厚的黄土层，土质均匀，含有石灰质，有壁立不易倒塌的特点，便于挖作洞穴。因此在原始社会晚期，穴

居成为这一区域氏族部落广泛采用的一种居住方式。随着营建经验的不断积累和技术的提高，穴居从竖穴逐步发展到半穴居，最后又被地面建筑所取代。如1954年在西安半坡村发现的遗址中，早期有大量的半穴居式的建筑，后期多为地面建筑。干栏式建筑多分布在长江流域及其以南地区，浙江河姆渡遗址的干栏式建筑是其代表。所谓干栏式建筑是在横直成排的木桩上搭木板，再于其上建房。这与我国南方气候高温多雨、地面潮湿有关，直到目前我国西南少数民族地区仍然保存有这种建筑。有人认为，这种建筑是由原始的巢居发展而来的。

 4. 开始形成一定的功能分区

当时的生产和生活方式比较简单，因而分区也很简单。对人来说，生与死的区别是最基本的，因而居民点中首先有住址与墓葬地的区分。当时最普通的生产是手工制陶器，窑场也相应产生。从西安半坡村遗址就可以看到这种简单的分区。半坡村遗址发掘面积南北300余米，东西200余米，分为三个区域：居住区在南面，发掘有46座房屋；墓葬区位于西北部，有墓葬250多个；东北面是烧制陶器的窑场。居住区和窑场、墓地之间又被一条壕沟分隔。仰韶村遗址布局和半坡村几乎没有什么显著差别，东面为墓葬区，西面为居住区，居住区的住房共分为五组，每组都以一栋大房子为核心（氏族成员公共活动场所），各种小房子围绕大房子作环形布置。原始社会时期的固定居民点与城市不同，但是可以从中探索到城市的最初形态。城市最基本的表现在于集中，这些固定居民点即初步具有集中的特征：人口集中，建筑物集中，生产资料和剩余产品集中等。

中国城市产生的时期

根据现有史料和考古实物证明，我国最早的城市是产生于原始社会末期，也就是原始社会向奴隶社会的过渡时期。这个时期，从考古文化上来说，大体相当于"龙山文化"时期（公元前3000—前2000年）；从我国历史上来说，相当于从传说中的黄帝时代，经尧、舜、禹直到夏朝前期，其间经历了数百年之久。

之所以这样说，是因为在我国古书中已经有了关于这个时期部落首领建都和筑城的记载，同时更重要的是我国考古工作者也确实发掘到了属于这个时期为数不少的城址。

 1. 史书记载

在《尚书》《左传》《史记》等早期文献中，都有关于三皇五帝建都的片断记载。南宋郑樵《通志·都邑略》对其作了整理，比较系统地记载了三皇五帝之都的地点。

《通志·都邑略》录三皇之都为：

"伏羲都陈（今河南淮阳）；神农都鲁（今山东曲阜），或云始都陈；黄帝都有熊（今河南新郑），又迁涿鹿。"

五帝之都为：

"少昊都穷桑（今山东曲阜）；颛（顼）帝都高阳（今河南濮阳）；帝喾都亳（今河南偃师），亦谓之高辛；尧始封于唐（今河北唐县），后徙晋阳，即帝位都平阳（今山西临汾）；舜始封于虞（今河南虞城），即帝位都蒲坂（今山西永济）。"

关于部落首领筑城的记载史书也不乏其例。《轩辕本纪》载："黄帝筑城邑，造五城。"《黄帝内经》："帝既杀蚩尤，因之筑城。"《世本·作篇》："鲧作城郭。"《淮南子·原道训》："昔者夏鲧作三仞之城，诸侯背之，海外有狡心。"《吴越春秋》："鲧筑城以卫君，造郭以守民，此城郭之始也。"《太平御览》卷192引《博物志》曰："处士东里槐，责禹乱天下事，禹退作三城……"，等等。

三皇、鲧、禹虽不是同一时期的人，但他们都是原始社会末期杰出的部落和部落联盟首领，都处于我国从原始社会末期向奴隶社会的过渡时期。正如郭沫若主编的《中国史稿》一书中所说："从原始社会到奴隶社会之间，有一个过渡时期。在我国历史上，这个时期可以溯源到传说中的黄帝时代，经尧、舜、禹直到夏代前期，持续了数百年之久。"既然持续数百年之久，

中国古代城市遗址

因此，把上述自三皇至鲧、禹视作一个时期是恰当的，也就是我国最早城市产生于原始社会向奴隶社会过渡时期。

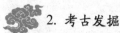 **2. 考古发掘**

早在 20 世纪 30 年代，我国考古工作者发掘龙山文化遗址时，就在山东章丘县龙山镇城子崖发现一座用夯土筑的古城遗址，城端南北长约 450 米，东西宽约 390 米，呈长方形，住房多在城内，据C14测定，其年代当为公元前 2035 年±115 年至公元前 2405 年±170 年。此后在河南安阳洹水之滨的后岗龙山文化遗址也发现有与城子崖相类似的一座古城，周围有板筑的围墙，据C14 测定，其年代当为公元前 2155 年±120 年至公元前 2590 年±135 年。近年来我国考古工作者随着对探索夏文化等考古工作的深入开展，在黄河中下游中原地区、长江中游两湖地区、长江上游四川盆地和内蒙古高原河套地区这四大区域先后都发现了史前时期的城市遗址。

黄河中游地区有河南郑州西山城址，淮阳县平粮台城址，登封县王城岗城址，辉县孟庄城址，郾城郝家台城址，安阳后岗城址等。

黄河下游地区有山东滕州西康留城址，章丘城子崖城址，城子崖以东各相距约 50 公里的邹平丁公、淄博田旺、寿光边线王三座城址，以及鲁西阳谷县景阳岗城址等。

长江中游两湖平原地区有湖北天门石家河城址，湖南澧县城头山城址、鸡叫城城址，江陵阴湘城址，石首走马岭城址，荆门马家垸城址等。

长江上游四川成都平原有新津宝墩城址，温江鱼凫城址，郫县梓路城址，都江堰芒城城址等。

内蒙古河套地区的石城聚落群先后发现有 18 座古城址。

到目前为止，我国共发现史前时期的古城址有 50 座左右，这些城址兴筑的时间大都集中在公元前两三千年的一段时间，有的年代甚至可以上溯到更久远的时代。如郑州西山城址属仰韶文化晚期秦王寨类型，始建和使用的年代约在公元前 3300—前 2800 年，湖南澧县城头山城址为我国目前所知最早的史前城址，城墙约从公元前 4000 年的大溪文化早期到公元前 2800 年左右的屈家岭文化中期经过四次筑造。根据这些发现，我们完全有理由认为，在距今 4000 多年前的原始社会后期，最早一批的城市就已经开始产生。

但是，我们也应该认识到，作为刚开始时产生的城市，其规模不大，内部设施也十分简陋，与今天的城市是无法相比的。如华北地区发现的 20 余处城址中，最大的面积也只有 40 万平方米，大部分的面积是 4 万平方米及以下，有的只有 1 万多平方米。这样的规模与设施，还不可能成为一个地区的政治、经济、文化中心，严格说来只不过是城堡而已。但是以后发展的城市，以至今天现代意义的城市，正是在这些最原始的城堡基础上发展而来的。

如果把上述我国最早城市产生的时间与国外城市相比较，也没有什么大的区别，美国著名城市规划理论家刘易斯·芒福德在《城市发展史》一书中曾这样写道："城市，作为一种明确的新事物，开始出现在旧—新石器文化的社区中。"

古代城市产生的条件

我国从上古社会发展到原始社会后期之所以能产生城市，并不是偶然的。它是与生产力的发展，引起社会大分工，导致剩余产品不断增加和私有制出现，以及社会成员的阶段分化、精神文化的发展和掠夺性战争的频繁发生等因素是密切相关的。

首先是生产力的发展，这是城市得以产生的基础。古书记载说，黄帝发明衣服、舟、车；炎帝（神农氏）发明了古代耕地的农具——耒耜，并且教天下人使用；太昊氏（伏羲氏）发明网罟，又作八卦（可能是一种比结绳更进步的记事方法）；据说蚩尤"以金作兵器"，是金属冶炼的最早发明者。

另据考古发现，在河南王城岗、平粮台、临汝煤山、郑州牛寨、陕西临

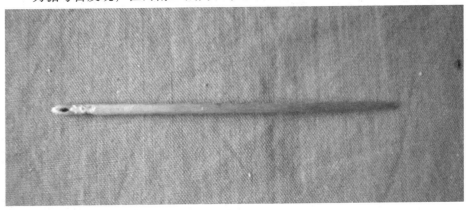

骨针

潼姜寨等数处城址中，发现铜器碎片、炼渣或铜矿石，说明我国在龙山文化时期，中原地区生产力就有了质的飞跃，由石器时代进入了青铜时代。青铜业的产生和青铜工具的使用虽然还不能完全替代石器工具，但无论在农业生产还是手工业生产上都发挥了巨大的作用，它促使手工业和农业进一步发展和分离。

此外还发现，在北方农业上已经使用了水井，田间出现了用于灌溉和排水的水沟，说明这一时期灌溉农业已经出现。

古书中还记载了禹时期出现了酒。《世本·作篇》中说："帝女令仪狄作酒醪，变五味。"考古工作者在龙山文化中晚期发现了不少酒器，如杯、盉等，说明当时粮食已有了一定的剩余。

农业的发展促进了手工业发展并与农业相分离，发生了社会第二次大分工。这时不但出现了青铜业、酿酒，还能制作精美的玉器和陶器等。纺织业也日益发达，在考古发掘中经常发现陶、石、骨质的纺轮和骨针等纺织工具。

其次是私有制的出现和社会成员的阶级分化，这是城市产生的直接原因。在上述生产力不断发展的基础上，使个体生产成为可能。两次社会大分工，提高了劳动生产率，人们的劳动产品除了维持自身的生存以外，开始有了剩余，产品的交换也就日益频繁和扩大，于是产生了私有制。

私有制的产生标志着贫富分化现象的出现。一些公社成员，尤其是公社首领，利用自己的职权，聚敛财富，于是逐渐成为富人，而许多公社成员，则成了穷人。在这种背景之下，生产力的发展，需要更多的劳动力，而生产的发展也可以养活更多的劳动力，剥削他人的劳动也就成为现实。起初这种"他人"是在战争中被捉到的俘虏，随着时间的推移，本公社里贫困的成员也慢慢沦为奴隶，而一些公社里的首领则成为奴隶主。于是社会分化成为主人和奴隶、剥削者和被剥削者两大对立的阶级，最终导致奴隶制国家的出现。

正是在这一历史过程中，一些公社的首领们为了保护自己人身及财产安全，就在他们居住地的周围建筑专门的防卫设施——城郭沟池，于是产生了城市。

关于这一历史过程，我国古籍《礼记·礼运》中有如下记载："今大道既隐，天下为家，各亲其亲，各子其子，货力为己，大人世及以为礼，城郭沟池以为固。"这段话清楚记载了城市产生的根源以及当时城市的功能和作用。而在这之前的大同之世即原始社会的情形是："大道之行也，天下为公，选贤与能，讲信修睦，故人不独亲其亲，不独子其子，使老有所终，壮有所用，幼有所长，矜、寡、孤、独、废疾者有所养。男有分，女有归。货恶其弃于地也，不必藏于己，力恶其不出于身也，不必为己。是故谋闭而不兴，盗窃乱贼而不作，故外户而不闭，是谓大同。"

随着精神文化相应地繁荣发展起来，特别是成组文字和新颖的宗教，以及反映社会等级制度核心的礼仪制度的出现对城市的产生也起了重要的作用。它使城市成为社会文化的中心。

新时代中期，符号和徽记都有发现。以后，良渚文化的上海马桥、吴县澄湖及美国萨克勒博物馆收藏的贯耳壶等多件陶器上，已经可以明显看出多个符号刻在一起，其中大多数的笔画结构工整规则，已属于较定型的早期文字，这时的文字已经用来简单记事了。

原始宗教以虚幻的内容和膜拜的形式，除继续在维系族群关系中发挥精神纽带作用之外，随着阶级的出现和阶级统治的需要，宗教便与政治权力结合为一体，用来维护和推动政治统治。良渚文化高规格的祭坛与大墓建在一起即可看出这种结合。大墓中普遍随葬有宗教用的玉器。从黄河中下游地区广泛流行上表明，反映出宗教意识和占卜习俗的流行与趋同的一面。早期城市的统治者当然也掌握着那些重要的宗教活动。

在社会生活中，以礼制为核心的等级制度也逐步形成并日益发挥作用，以至成为维护社会秩序和支配社会生活的准则。在考古发现中，特别是墓葬材料较能鲜明地反映出这一时期礼仪制度的状况。

频繁的战争也是促使这一时期城市产生的原因之一。我国在原始社会后期，部落及部落联盟的领袖、贵族为了掠夺财富和奴隶，为了争夺王权，也曾进行过激烈的战争，如炎、黄部落和九黎部落在河

大汶口文化陶器

北涿鹿就发生过激烈的军事冲突，结果蚩尤被杀就是一例。由于频繁的战争，也促使防御工事城墙沟池的产生，从而促进了城市的产生。

此外，夯筑技术的发展对这一时期城池建设也有很大的影响。早在6000年前的仰韶文化时期，夯筑技术就已有了萌芽（建筑房屋将柱洞中的填土加以夯实以使柱子稳固的做法），发展至龙山文化中晚期夯筑技术已普遍得到应用，这也为中国早期城市（城墙）的产生奠定了不可或缺的技术基础。

城市产生以后，人类的聚落形态发生了明显的分化，城市逐渐形成一定地域范围的政治、经济、文化中心，城市以外的广大聚落逐渐转化为乡村，人类社会从此出现了城乡差别。在城乡矛盾之中，城市一直居于主导地位，在整个社会经济发展中处于支配地位，推动着整个社会经济的发展，它是人类文明进步的标志。

古代城址的选择

中国城市的产生，不是工商业发展的产物，而是出于统治和防御的需要。是和政治上的等级爵位制度、宗法上的大宗小宗制度相一致的，是礼法和王制的体现。因而，城市的大小，也依封国国君的地位不同而规定了严格的制度，任何人不得逾制。

《周礼·考工记》记载：匠人营国，方九里，旁三门。国中九经九纬，经涂九轨。左祖右社，面朝后市，市朝一夫。这是西周时期的规定。到后来，这个秩序出了问题，社会变革，礼崩乐坏，礼乐征伐自诸侯出，各强国纷纷称王称霸，再加上长期的经济发展，人口的增多，原来的城池本容纳不下，这套等级制度也就被废弃了。

古人非常重视城址的选择，这是安邦立国的百年大计。因而，早就形成了一套系统的选址理论，中国后来的风水堪舆之学，就是在这个基础上发展起来的。

一般来讲，如果选一个新城址，要考虑多方面的因素。除了考虑客观的因素，还要考虑城市的级别和大小，是以政治经济为主，还是以军事防御为主。

建国都和大城市，首先考虑位置要适中，不能太偏于一隅。选择洛邑为东周都城，就因为它居天下之中，各方运输贡品、粮食、草料距离均匀。其次交通要便利，大城一般都处在陆路或水路交通要冲，便于商业、生活发展。

地形因素也是建城市必须考虑的。齐桓公问管仲："人们建国应该选择什么地形呢？"管仲说："首要的是立于不倾之地。或大山之下，或广川之上，或者地形深厚的大平原，或是地势雄峻的高地。池虽高，但不能缺少水源；地势低，又不能妨碍排涝，有丰富的自然资源可资采取，这才是立国都之地。"

建城市的土要肥。古人说，地是生万物的根本，地肥则人材健壮，万物丰茂。水要美，即清甜。水是地之血脉，水美则人物秀丽，灵气所钟。公刘迁豳，周公定洛邑，伍子胥选定吴城址，都提到相土尝水，考察土壤，品尝水质。水不光要干净，水源还要充足。大城市一般要选在江河之畔。考察当时的城市，几乎无例外地都在江河之旁。如镐京有渭水，成周有伊水、洛水，临淄有淄水、系水，曲阜有洙水、泗水，魏都大梁有汴水，燕都蓟城有永定河、潮白河等。

再就是要考虑安全因素，务使易守难攻。建城选址应以山脉为依托，因

古墙

为有山必有险，依山据险，所谓"江山险固"，容易防守。古代名都一般都有著名的险关屏障，咸阳、长安皆以潼关为屏障，杜甫《潼关吏》中"艰难奋长戟，万古用一夫"的诗句，以及"一夫当关，万夫莫开"，即指这种情况。秦据潼关、函谷关，易守难攻，终灭六国；汉有关中，败即退守关中，进则东取天下，终胜项羽。

温州城的选址是建城的典型代表。据《浙江通志》记载：东晋时郭璞在江浙一带选城址，开始想建城于江北，因取土称，嫌土轻，于是过江，登山（今郭公山）远望，只见数峰错立，状如北斗，华盖山锁斗口，于是对父老们说："如果城绕山外，会很富庶，但会受战乱侵害，如在山里筑城，则兵寇不来，可得安全"，于是依山建城，号称"斗城"。

还有一些城是专为防御而建，用一些军事家的话来说，还可以分成"雄城"和"雌城"，那些背靠险山、前临深壑的城是"雄城"，那些有破绽、易攻取的城就是"雌城"。

随着时代的发展，风水理论成了一门专门的学问，迷信色彩也越来越浓厚，其中选城址的理论也增加了许多神秘性。

第一是望气。据风水先生们说，有的城市常生祥云瑞气，所在山雄水秀，

古代城市的外城墙

草木森森，适宜作都城，这种理论有时说不出什么具体的东西，只可意会不可言传，似乎无可稽考。但也许是受这种说法的心理暗示，很多时候，我们行走在北京、南京、沈阳、洛阳这些城市，往往会给人以建筑庄严雄伟，古木森森的感觉，气象与别的地方不同。尤其是洛阳，洛阳的市容，实在难以与前面几个大城市相比，仍然给人一种森严的感觉，细想起来，也许是那些给人以强烈历史感的苍松古柏、传统宫殿建筑和使人油然而浮想联翩的众多的文物古迹在起作用。

第二是阴阳太极。主要指周围山川、河流、地理环境。朱熹认为：建城周围，要考虑到阴阳向背。山属阳水属阴，故都会形势，必半阴半阳，无论大者、小者，都各在一个太极系统之中。

第三是龙脉。两水之间必有一山，两山之间必有一水。水分左右，中间的山丘高地就叫脉。脉有时气势雄伟，逶迤蜿蜒如龙而来，所以又叫龙脉。古人很讲究这种脉象，大至都市，小到村庄的选址，都要看龙脉。大城市选址，要有旺龙远脉，铺张广布。其支脉作为中小城镇。实际上是考虑到城市的发展和环境容量。王勃在《滕王阁序》的开头便写道："南昌故郡，洪都新府，星分翼轸，地接衡庐。襟三江而带五湖，控蛮荆而引瓯越……"就是指的这种脉象。

通都大邑，一般都要建在广川平原之上，江环水绕，不宜太近山峰山沟，否则便气概不雄，局限发展。这不是与阴阳龙脉理论冲突了吗？风水理论又说，并不矛盾。从更大的环境来看，尽管是平原千百里，不见山峰，但终必是远处山脉江河延展而来，是旺龙远脉。这种地形"望之无垠，不见所际，据之无凭，不见所倚，然百十里间，皆是环卫。无一山不顾盼，无一水不萦回，虽别处数百里外山水，莫不来此交会"。

城市的外城墙，也在风水理论的影响下出现了多种形状。堪舆学家们根据易经阴阳理论，人的皮肤为阴，血液为阳，他们就把城墙比作皮肤，把城内街道等比作血管。处理与周围的关系时，常把东西两面城墙的灭点指向城市龙脉主峰。东北方向被视为鬼门，邪气、煞气多由此而来，因而这里常不开门，而以一面完整的墙挡住。福建地区的许多城市都采用这种形式。

还有的城市的平面形状不是方形结构，而是受动物启发筑成的动物形状，如龟城。在古代，人们筑城之前，往往用龟占卜，把龟视为灵物。秦惠王二十七年（公元前311年），张仪、张若筑成都城，筑了几次都没有成功。这时忽然有只大龟从江里爬上来，占卜家们以为这是上天借龟向人们示意，后来按龟爬行的路线筑城，果然成功。春秋时伍子胥为吴筑阖闾大城，城呈"亞"字形，也像龟的形状，后来的南宋平江城（今苏州城厢区）布局略同，这些城都称为"龟"城。龟城之外，又有鲤城。福建汀州、泉州市都是鲤鱼形，称为鲤城，取"鲤鱼跳龙门"之意，希望文风昌盛，人才辈出。

城门的位置、朝向、高矮、大小，也要与周围环境相呼应。最主要的是要"迎山接水"，由于山水一般都在西边，所以西门就成为重点。如果条件允许，通常都在西门外建月城来接引，没有月城，也要在外面建一亭阁，如果到最后没有找到合适的方案，干脆就关闭，总之不能让西门正对直冲而来的山脉和水道。这种讲究，在福建一带最流行。城门的大小高矮，受阴阳五行之说的影响，南门之楼，宜做水星，不宜太高，太高就容易发生火灾，民风奢侈；西门之楼，也不宜太高，高则民俗凶悍而多浮荡。东门之楼要比前述二门高些，北门则一定要高大，接水接气。

其他街道的建筑、楼塔建造均有说法，成为一个神秘的系统。据研究者称，中国堪舆风水理论中，与现代的采风、避风、生物场、地磁理论暗合，不可一概以玄学视之。

夏朝的国都遗址

邑、国、城

讲述中国古代的城市的故事，必须从三个汉字——"邑""国""城"讲起。邑是人们聚集居住的地方，也有邦国的意思。国是邦国和邦国的都城。城是环绕聚集地的城墙，也作动词"筑城"用。古代中国所有的城都有一道或者几道城墙，用来阻挡来自外部敌人的侵入，对居住在一起的人民起一种保护作用。

文字、城市、国家政权、青铜器，这些是人类进入文明社会的四大标志，缺少其中任何一项都会被认为是不成熟的文明。所以，城市是现代文明高度发展的标志，也是古代文明成长的历史见证。世界上最早的城市出现在我国黄河中下游和长江流域。埃及的尼罗河流域、印度的印度河流域、美索不达米亚的两河流域也是世界城市文明最早的发源地。中国有五千年文明发展的历史，中国城市的历史也同样经历了五千年的发展。

中国现存最古老的文字——甲骨文里，人们没有看到"城"这个字。甲骨文的发现，使人们从文字记载上弄清了商代的历史，商代历任国王的名字都能从甲骨文里得到印证。甲骨文里没有"城"这个字，是不是那个时候中国还没有城市呢？当然不是，甲骨文最主要的发现地殷墟（今河南省安阳市小屯村附近）就是一座商代都城的大型遗址。而且，甲骨文中有两个字包含了"城"的意思，这两个字就是"邑"和"国"。

1. 邑

邑是人们聚集居住的地方。"邑"字的甲骨文字形，上面是一个"口"，表示疆域，下面是一个跪着的人形，表示人口，合起来就是"城邑"的意思。我们还可以把"口"看作是围着居民聚集点修建起来的一圈城墙。古代的国都、城市和诸侯分给大夫的封地，都称作邑，邑也有"邦国"的意思。

古城门

2. 国

许慎在《说文解字》中用"国"来解释"邑",说"邑"就是"国"。在商周时期,国也是"城"的意思。"国"字在小篆中写成"國",《说文解字》解释说,中间的"或"就是邦国,"口"指国土,"戈"是"手执干戈保卫国土"的意思。《甲骨文字典》也认为,甲骨文的"口"象征着城,城就是国,国就是城,"国"字表现的就是手执干戈的卫士保卫国家的样子。有的学者主张,秦汉以前,"国"字的本字就是"或",是"戈"与"口"的结合。

"国"字最早的意思与现在的意思差距很大,它没有"国家"这样的神圣内涵,而主要是指邦国和邦国的都城,规模、范围都不大。《说文解字》解释说,"邑"就是"国",并且还举例说,夏朝的国都称"大夏邑",商朝的国都称"商邑",到了周朝,国都才称"京师"。商周时期诸侯国的都城,还有那些在诸侯国内部层层分封的贵族的都城,一般叫作"邑",也常常称为"国"。有记载说,周武王灭商之后,向武王表示臣服的诸侯国有652个,被武王征服的有99个,可见那时的邦国都不大。《战国策·赵策》里面讲:古时候,四海之内,分为万国。城虽然大,没有超过300丈的;人虽然多,没有超过3000家的。这样规模的邦国,也就是以一座城池为中心形成的较大的聚集区而已。

3. 城

"城"这个字的金文字形是由扛着干戈的士兵和瞭望用的望楼组合而成的,带有十分浓厚的"保卫疆土"的意思。在一开始,"城"字的意思主要是指环绕聚集地的城墙,也把在聚集地周围修建城墙的工作过程叫作"城",如果作动词用,就是"筑城"之意。

知识链接

金代的城墙

金代中都城墙位置在今北京市西城区、丰台区一带。根据考古实测，其东北角在今宣武门内翠花街，西北角在今丰台区羊坊店黄亭子，东南角在今永定门火车站附近的四路通，西南角在今丰台区凤凰嘴村。以此推算，金中都南城墙长4900米，北城墙长4700米，东城墙长4300米，西城墙长4500米，近似正方形。金中都城墙也为夯土墙，《析津志》记载城墙高40尺，《光绪顺天府志·金故城考》中记载，建造金中都城墙时"人置一筐，左右手排定，自涿州至燕京传递，空筐出，实筐入，人止土一畚，不日成之"。至20世纪50年代时，金中都城墙的西段和南段仍清晰可见，最高处达10米。后历经附近人民公社及工厂取土盖房，现在仅在凤凰嘴村残存一小段遗址，最高3米。

第二节
不同类别的古城

由于政治、历史和地理条件等诸多因素的影响，城市也分为多种类型。按城市的职能性质分，中国古代城市的主要职能是各级的行政、军事、文化中心，有都、府、州、县等，包括商业城镇、手工业城镇、防御城堡及港口城市等。按城市形态分，有方形（长方形）、圆形、自由形、沿河谷带形、山城、双重城、组合城等。

都城：故国里的首都

都城，现代称首都，古代称都城、国都、京、京城、京师、京都等，是一个国家最高权力机关的所在地。它是全国的政治中心，在多数情况下又是这个国家的经济中心和文化中心。如果将国家比作人的话，都城便是他的头脑。因此，都城在国家政治中占有重要的地位。

今天，北京是我们中华人民共和国的首都。其实北京在元、明、清时代就已经是中国的都城了。北京作为古都的历史，甚至可上溯到3000多年前的燕国。当你在西安参观号称世界奇迹的秦陵兵马俑展览馆，在洛阳观赏王城公园盛开的牡丹，在开封攀登巍然屹立的铁塔，在南京环游长度为世界第一的明代城墙，在杭州为西湖的胜景而流连忘返，在安阳的殷墟发思古之幽情时，你可曾知道这些城市都是我国的著名古都，你可曾知道它们作为古都的来历？

元、明、清时代的都城——故宫

除著名古都之外，我国还有许多城市，历史上也曾做过某一个或几个王朝或某一地区政权的都城。当然，也还有许多昔日威名远播的都城，早已随着时间的推移逐渐淡出人们的视线。即使如此，每个古都，无一不在中国历史上发挥过自己的作用。

当公元前 21 世纪，我国第一个奴隶制王朝——夏朝在黄河流域建立时，我国最早的都城就随之诞生。传说夏王朝始都于阳城（今河南登封县东），后通过多次迁移，又在黄河中下游相继建立了几个都城。1983 年，考古工作者在河南偃师县二里头发现迄今为止最早的宫室遗址，一般认为属于夏文化或部分属于夏文化，证明在夏代确实建过城郭和宫殿。同年，在偃师县尸乡沟发现商代早期城市遗址，很可能是商朝开国君主成汤的都城"西亳"，距今已有 3500 多年。这些都表明，我国古都历史悠久。

夏商以后，我国经历多次统一和分裂时期。无论是统一时期还是分裂时期，都发生过频繁的王朝更替。自秦朝以后，仅统一王朝便有十几个之多，王朝的更替常导致都城的变迁。分裂时期大小国家林立，国无论大小，都有自己的都城。我国疆域广大，在清统一以前，边疆地区的民族有时候还会建立区域性政权，这些区域性政权（除了某些游牧民族建立的政权）一般也都有自己的都城。古代都城包括首都和陪都两种，首都为中央政府所在地，陪都则是在首都之外另立的都城。如果将统一王朝的都城、分裂时期的都城、边疆民族政权的都城都计算在内，那么我国古都的数目更是繁多。北魏郦道元的《水经注》记载自上古到北魏时期的都城，大约有 180 处。此后直至清朝，王朝更替，列国消长，又增加了几多古都。在我国广袤的大地上，从最西的新疆到东端的黑龙江，从北方的内蒙古到南部的广东，都有古都分布。如果将所有古代的都城都标注在同一幅地图上，这幅地图一定会像夏夜的星空，令人目不暇接。

在所有的古都中，最著名的是北京、西安、洛阳、开封、南京，被称为我国的五大古都，加上杭州和安阳，被称为我国的七大古都。从历史上看，都城建立在此七大古都上的历代王朝，所统治的地域最为广大、经历的年代最为悠久、产生的影响最为深远。安阳的古都遗址，包括在今河南安阳市西北小屯村的殷墟和河北临漳县界的邺城遗址，它们早已被战火摧毁。其余六大古都仍屹立在华夏大地，经过多次重建，以新的面貌迎接千千万万来自国内外的游客。

陪都：首都之外的都城

在中国古代史书中，常常见到"陪都"二字。所谓陪都，是指在首都之外另立的都城。有时候，陪都又称为行都、留都、别都。行都含有必要时朝廷前往暂驻之意，留都一般是在迁都之后对旧都的称呼，别都则是指首都之外的另一都城。陪都一般不设中央政府机构，并非全国政治中心。不过，历朝设立陪都，都有自己政治上的用意，也不都是虚设。

最早的陪都，要算西周初年设立的洛邑了。周武王灭商后，曾为如何安定东方而忧心忡忡。因为商朝灭亡以后，商贵族不甘心失败，发生过多次叛乱，而西周的首都丰镐偏在关中，离商人的主要分布区域尚有千余里之遥，让人有鞭长莫及之憾。后来，周公旦看中"居天下之中"便于控制东方的洛邑，将其建为陪都成周，始解去心头之患。成周建成后，周朝将商贵族集中到这里，并驻扎重兵监视商贵族，周成王自己也经常到这里居住。这一陪都的设置，对维护国家统一，征收各地贡赋具有重大意义。此后，一些王朝模仿西周的两京制，在首都之外另设陪都。陪都数目也不断增多，由两京制发展为三京制、四京制，最多达五六京制。

战国时燕国都城在蓟城，为了便于向南扩张，在武阳（今河北易县东南）置下都。

东汉定都洛阳，称东京，以西汉的都城长安为西京。东汉皇帝姓刘，他们认为自己是西汉皇族刘氏的后代，于是常常到西京长安来祭祖和祭陵。由于开国皇帝刘秀是南阳（今河南南阳市）人，因此，东汉又以南阳为南都。

三国曹魏仍以洛阳为首都。黄初二年（221年），由于谯（今安徽亳州市）是魏国奠基人曹操的故乡，邺城是曹操在东汉末封魏王的地方，许昌为东汉末代皇帝献帝的都城，长安是西汉的旧都，同时升为陪都，与洛阳合称五都。

三国时，南方的吴国也有陪都。黄龙元年（229年）吴国将都城从武昌（今湖北鄂州市）迁回建业（今江苏南京市），即以武昌为行都。

北魏孝文帝从平城（今山西大同市）迁都洛阳（今河南洛阳市），平城在当时被称为北京，但不是正式的建制。

北魏大将高欢自晋阳（今山西太原市西南）起兵，扶持北魏部分皇室成员北上建立东魏王朝，定都于邺，称上都，又以晋阳为下都。北齐代东魏而兴，都城之制一同东魏，仍以晋阳为陪都。

隋朝定都大兴城，隋炀帝时迁都洛阳，称洛阳为东京，又称东都，以旧都为西京。

唐朝定都长安，但仍很重视洛阳。太宗李世民在洛阳修建宫殿，高宗于显庆二年（657年）定洛阳为东都。女皇帝武则天因太原（今属山西）附近为她家乡，置为北都，后废。但太原是唐高祖起兵的根据地，不久又被置为北都。玄宗以长安为西京，洛阳为东京。玄宗以后几度以河中府（今山西永济市西南蒲州镇）为中都。安史之乱后，玄宗逃至蜀郡（今四川成都市）避难，肃宗到过凤翔（今陕西凤翔县）。因此，肃宗至德二年（757年）以蜀郡为南京，凤翔为西京，分别作为陪都，而称长安为中京。上元初，由于荆州（今湖北江陵县）具有重要的战略地位，置为南都。不久，重新确定陪都，以洛阳为东都，凤翔为西都，江陵为南都，太原为北都，加上称为上都的首都长安，合称五都。

唐代，实行五京制的还有渤海国。在首都上京龙泉府之外，另立四京：中京显德府（今吉林敦化市西南），南京南海府（今朝鲜咸兴市），东京龙原

南京的明城墙

府（今吉林珲春市西南），西京鸭渌府（今朝鲜境内鸭绿江东南岸）。

五代第一个王朝后梁以开封为首都，称东都开封府；以洛阳为陪都，称西都洛阳府。

五代第二个政权后唐对陪都的建设尤为重视，并常常随着政治军事形势的变化而变化。923年4月，庄宗李存勖在魏州（今河北大名县北）开国称帝，以魏州为首都，称兴唐府，建为东京；另设两个陪都，以太原府（今山西太原市西南）建西京，以真定府（今河北正定县）建北都。同年11月，灭后梁，都城迁到洛阳，称洛京，另以京兆府（今陕西西安市）和太原府为陪都，分别称为西都和北京。同光三年（925年）又改洛京为东都，而以兴唐府为陪都，称邺都。天成四年（929年）邺都重新改为魏州，从此失去陪都的性质。

石敬瑭借契丹力量统一中原，建立五代第三个王朝后晋，以汴州（今河南开封市）为首都，称东京开封府；以洛阳为陪都，称西京，又一度复设邺都。

后汉继后晋而立，都城建制一如后晋，分别设东京、西京和邺都。北周仍定都开封，称东京，也以洛阳为西京。

北宋仍以开封为都城，称东京开封府，以洛阳为西京河南府。到了宋真宗时，由于应天府（今河南商丘市南）为开国皇帝太祖登基前镇守之地，建为南京。第四个皇帝仁宗由于大名府（今河北大名县境）为真宗亲征到过的地方，又建为北京，与东、西、南三京合称四京。

高宗南渡，建立南宋，称临安府（今浙江杭州市）为行在所，即暂时居住的地方，仍尊开封为首都。实际上，朝廷不过借此表示不忘恢复中原的意思，开封一直在金朝占领下，南宋朝廷始终没有回到北方，临安府名为行都，实为首都。此外，由于建康（今江苏南京市）与抗金前线淮南不过一江之隔，并且高宗也曾在此驻留过，南宋又以建康为行都。

辽前期以上京临潢府（今内蒙古巴林左旗东南）为首都。由于上京偏在北部，以幽州（今北京市）为南京，又称燕京，管理经济重心所在的燕云十六州的东部地区；以云州（今山西大同市）为西京，管理燕云十六州的西部地区；以辽阳（今辽宁辽阳市）为东京，管理原渤海国遗民。统和二十五年（1007年）又建中京大定府（今内蒙古宁城县西南）并以之为首都，以上、南、西、东四京为陪都。

金朝沿袭辽朝旧制，也建五京。最初以会宁府（今黑龙江阿城市南）为首都，称上京，临潢府为北京，辽阳府为南京，大定府为中京，大同府为西京。贞元元年（1153年）首都自会宁府迁至今北京市，称为中都大兴府，改南京为东京，废去临潢府的北京名号，改中京为北京，又立开封为南京，合为六京。

元朝定都北京，称为大都，又以旧都上都开平府（今内蒙古正蓝旗东闪电河北岸）为陪都，并称两都。由于上都位居高原，盛夏时天气比大都城凉爽，元代皇帝几乎每年都率文武百官来上都避暑消夏。

明朝开国皇帝太祖朱元璋建都应天府（今江苏南京市）。洪武元年（1368年），以应天府为南京，设北宋故都开封府为陪都，称为北京。不久，罢去开封府的北京名号，不再作为陪都，又改称应天府为京师。洪武二年，又设朱元璋故乡临濠府（后改名凤阳府，今安徽凤阳县）为陪都，称中都。明朝第三个皇帝成祖将都城迁到北平府（今北京市），改为北京。到第六个皇帝英宗时正式将北京改称为京师，应天府重新改称南京，作为陪都。

清朝迁都北京，称之为京师顺天府，又以旧都盛京为陪都。

上述城市之所以被选为陪都，归纳起来，主要是由于以下几点原因：

（1）前一王朝的首都。如东汉的西京长安，三国曹魏的许昌。

（2）皇帝的家乡或"龙兴之地"。东汉的南都南阳、三国曹魏的谯、明代的中都凤阳府，都是开国皇帝的家乡。唐的北都太原则是高祖起兵的地方，为"龙兴之地"。

（3）王朝初期的首都。如明代永乐之后的南京，清代的盛京。

（4）皇帝曾经出征或暂住过的地方。如唐的蜀郡、凤翔府，北宋的大名府。

（5）政治状况差异很大的地区的中心。如辽的东、南、西等京。

（6）在政治经济上具有重大意义的地方。如唐朝的东都和东京洛阳。

（7）军事重镇。如燕的下都、三国吴的武昌。

（8）实际的权力中心，如东魏时的下都晋阳。

我们应该认识到的是：就政治职能与地位而言，陪都远不能与首都相提并论，在大多数情况下，陪都不具有全国行政中心的职能。大多数陪都只具有政治象征意义，特别是那些因系开国君主的家乡、"龙兴之地"，或因某一位君主的经历而升为陪都的，一般仅具都城之名，而无全国行政中心之实。

在全国政治中具有重大意义的陪都，数量极少，以西周的洛邑、东魏的晋阳、唐代的洛阳、辽的南京最为著名。西周以洛邑作为控制东方的政治、军事中心，具有举足轻重的作用。东魏高欢手握重兵，建大丞相府于晋阳，在此发号施令，晋阳成为实际的首都。唐代建洛阳为东都的目的，在于洛阳为全国漕粮中心，是控制东方的要地。唐高宗、武则天曾长期驻在洛阳，在那段时间中，洛阳是名副其实的全国政治中心。辽代上京临潢府只是偏于一隅的政治军事堡垒，经济重心在南部的燕云十六州，南京成为当时的全国经济中心，政治上影响颇大。

地区性中心古城

地区性中心城市，有一个省范围的中心城市，这类城市多为在元代形成的行省的省会城市，如沈阳、太原、成都、广州、福州、武昌、长沙、昆明、兰州、南昌、贵阳、济南、桂林等。

这类城市有的也曾在某一时期被封建地方政权定为都城。如成都曾为东汉时蜀国及三国时蜀汉的都城，太原曾是石敬瑭后唐的都城，福州曾是闽王王审知的都城，广州曾是南越的都城，兰州曾是西凉的都城，银川曾是西夏国的都城。

这些城市中的一些城市，明初朱元璋分封诸子为王，在这些城市中建王城，如太原（晋王）、成都（蜀王）、开封（周王）、西安（秦王）、兰州（肃王）等。有些较小的城市，因边防地位重要，也曾封王建王城，如宣化（谷王）、大同（代王）等。

古代城市的名称建制，历代均有不同。除都城以外，有府、州、县等不同等级，是不同地区范围的政治、军事中心。秦始皇统一六国后实行中央集权管理下的郡县制，分天下为三十六郡，这些郡治大都是后来府州城的基础。府州是省下一级政府，管理若干县，县是基层的政府机构所在地。

省下一级行政中心城市，一般称府或州，如保定、沧州、德州、菏泽、济宁、徐州、淮安、扬州、镇江、苏州、嘉兴、湖州、宁波、温州、衢州、赣州、抚州、株洲、衡阳、襄樊、宜昌、荆州、宜宾（叙府）、泸州、康定、遵义、秦州（天水）、武威（凉州）、汉中、延安、大同、临汾、长治、漳州、泉州、潮州、惠州、琼州、柳州等。

县为最基层的行政中心，数目很多。

府、州、县城的共同点是设有官府衙门、驻军军营、孔庙及学府（府学、州学、县学），大都有城市守护神——城隍。

府、州、县的名称时有变迁，辖区及建制各朝代也不同。

古城墙

 **商业都会**

中国古代由于大部分时间为统一时期，国内商运畅通，隋唐时修汴河运河，沟通中原地区黄河与长江水运，元代修通南北大运河，加上东西向的长江、珠江的航运，以及陆上的驿道系统，在水陆交通交会点形成一些商业都会。

汉代重要的商业都会有成都、南阳，即"益一宛二"。隋唐时代，汴河与黄河交汇点的汴州（开封），运河与长江的交汇点的扬州，长江与汉水的交汇点的武昌、汉口，嘉陵江与长江交汇点的渝州（重庆），岷江与金沙江交汇点的叙府（宜宾），洞庭湖、鄱阳湖和长江交汇处的岳阳、九江，都形成过商业都会。元明清时代，沿大运河的天津、沧州、德州、临清、济宁、淮阴、淮安、扬州、镇江、苏州、杭州等地的商业非常繁盛。

有些城市是某种商品的集散地，如号称米市的芜湖、九江、无锡等地，作为丝绸集散地的湖州、南浔，瓷器商市九江等地。

扬州是运河与长江的交汇点，有一段时期，海船也到此贸易，在较长时间还是盐商的交通中心，故商业非常发达。

汉三镇曾是南方水陆交通的枢纽，号称"九省通衢"；其北部的襄阳、樊城，是水路交通与北方中原地区陆上交通的连接点，号称"南船北马"。不仅商贸发达，也是军事要地。

有些城镇也曾商业繁荣，如开封南面的朱仙镇，曾是汴河与黄河货运的连接点，但因后来汴河淤塞、废弃，城镇也随之衰落。

京杭运河夜景

手工业城镇

　　中国古代也有一些手工业集中的城镇，最为典型的是以瓷业为中心的江西景德镇，盐业为主的自贡（自流井），糖业为主的内江，陶业为主的江苏宜兴丁蜀镇，陶瓷业为主的广东石湾镇，冶铁业为主的佛山镇，丝绸业为主的平望、震泽、南浔等。

　　这些城镇虽然只是镇的建制，但是规模也很大，如景德镇，在明代仅窑工就有数万人，城镇总人口超过 10 万；盐城自贡（自流井）用当地的天然气及井盐水制盐，行销西南各省，产值很高，保留至今的盐业贸易的秦陕会馆豪华壮丽，足以证明当时经济的繁荣。

港口城市

　　在中国古代，青藏高原属高寒地区，西南地区则多崇山峻岭，并被原始森林包围，只有东部及东南部沿海，农业经济发达，自给自足，是典型的大

古墙

陆经济，但海上交通及贸易一直不发达，沿海也很少有港口贸易城市。宋元时期，由于海上丝绸之路畅通，泉州（刺桐港）、广州一度成为繁荣的海港城市，仅长住的外商（主要为阿拉伯人）就达数万人。泉州港衰落后，广州一直是海上贸易城市，还有其他少数几个港口城市如明州（宁波）、登州（蓬莱）。明初虽然有郑和率领庞大船队七下西洋，直达非洲，但政治宣威意义大于经济贸易意义。明中期后，日本海盗骚扰东南沿海地区，实行海禁。清初又实行更严格的海禁，沿海港口城市一直没有发展，直至鸦片战争后被迫开放五港通商。

这类港口城市虽位于沿海，但实际是河口港，如泉州位于晋江口、广州位于珠江口、宁波位于甬江口，上海在宋元之后也是对外港口，实际是黄浦江的河港，山东蓬莱的海岸港不过是军港，而非商港。

防卫城堡

中国古代以农业为主的汉民族，与以游牧为主的北方一些少数民族经常发生战争。从秦代开始修筑长城，不同时代长城的作用不同。明代为防范塞外蒙古及后来东北的满族，又因为长城的防御作用突出，所以沿长城修建了一系列军事防御体系的城堡，有九边重镇，如蓟镇、宣府镇、大同镇、山西镇（偏头关）、延绥镇（榆林）、固原城、甘肃镇（张掖）等。还有下辖的一些边防关镇，如左云、右玉、神木等。

明初为加强海防，沿海也设置了一些卫及防卫千户所。明中期后，倭寇在东南沿海侵扰，又增设及加强了一些海防卫所。这些卫所，北方有山东的登州卫（蓬莱）、威海卫，江苏的金山卫，浙江的镇海卫、宁海卫，福建的永宁卫、平海卫等。卫下有防卫千户所，如至今保存完整的烟台所，有些所名至今仍然存在，如青岛附近的浮山所、金山镇附近的青村所。

清代在一些城市为八旗驻军，建有满城，有的在城市划出一块地段，用城墙分隔，如成都、西安，有的在城外另建一城堡，如乌鲁木齐。

知识链接

多种多样的城市形态

城市的形态以方形和矩形为多，当然这主要是由于测量定位比较容易。

方城中最大的为都城，如汉长安、唐长安、东都洛阳、元大都、明清北京，每边开三门。

府、州城，每边开两门，呈井字形道路系统，如太原、安阳、宣化等。

县城多为每边一门，呈十字形或丁字形街道系统，如奉贤、南汇、太谷、平遥等。

有的城市呈圆形，如嘉定。

有的城市呈带形，或数城相连，如天水、平凉。

有组合的城市，如武汉三镇（武昌、汉口、汉阳）。

有的因族群的关系，两城分开，如甘肃的夏河分回、汉两城。

昔日城墙今日情

城墙是中国城市文化的标志性建筑之一。城垣环抱形成了古城的基本形制。城门是城墙内外居民进出城市的通道。城门之上的门楼就是城楼。为了加强防卫,重要城市和主要城门往往还要在城门处加筑一道瓮城,也叫月城。角楼是建筑在城墙转角处的瞭望楼。马面是在城墙外侧筑起的凸出城墙平面的半圆形或方形墩台。女儿墙是在城墙顶部外侧筑起来的连续凹凸的齿形矮墙,用来掩护守城士兵。藏兵洞平时用来屯驻士兵,战时就是作战掩体或设置埋伏的地方。

第一节
古城墙的渊源

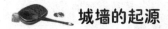 城墙的起源

　　远古时期，人们从流动的狩猎生活转向原始农业劳动，居住区渐趋稳定。但那时生存条件恶劣，要过安居乐业的生活，一个安全的环境十分必要。于是，人们在深沟危壑的启发下，在居住区周围挖掘深深的护卫壕沟，截断禽兽的路径；又取巉岩绝壁难以攀登的长处，在居住区外，用天然石条或黄土垒筑高墙，阻止虫蛇的袭击，人们用各种各样的办法来创造出一个适合自己居住的环境。

　　考古发掘证实，新石器时期的遗址上，这种防御设施十分常见。西安半坡村遗址就发掘出一条环绕在居住区外的、深宽各五六米的护卫壕沟，山东章丘城子崖遗址上残留着垒土围墙，内蒙古赤峰东八家石城遗址周围存留着一段用天然石条砌筑的壁墙。除此之外，在辽宁西部、黑龙江、吉林等地的新石器遗址上，围墙的遗迹均明显可见。

　　这些事实说明，建设本部落的防卫设施，确是各氏族的一项重要工作。与后代不同的是，它的指导思想是防禽兽虫蛇，而不具军事目的。

　　城墙是随着私有制的建立开始出现的。传说夏朝就开始"筑城以卫君，建廓以守民"。

　　说起夏朝建城，民间还有这样一则故事广为流传。夏王启有一条心爱的黄龙坐骑，启常骑它上天宫与诸天神谈论治国之道，返回人间向他的臣民传达天帝的旨意。不知过了多少年，黄龙老了，再也无力腾飞了。当它快要咽气时，启非常伤心，抚摸着龙头泪流不止。黄龙偎依着他说："我的主人，你不要伤心。我死后，你把我的身体盘成一个方形，你住在里面，我的灵魂将永远护卫你的安全。"黄龙说完就死去了。

启遵照黄龙的遗言，把它的身体盘成一个方形。第二天早晨，启从他的屋里走出来，只见昨天盘放黄龙身体的地方，出现了一座高大雄伟的城垣，上面还建有一座凌空高耸的城楼。这城垣、城楼气宇轩昂，那形状，隐隐地显出心爱的黄龙的身影。

启非常高兴，立命臣民在城垣里修房建宫。宫殿建好后，启和王族全部搬进去居住，他在高大城垣的保护下，平安地度过了执政期。

新石器时期的工具

此后，历代国王都仿效启，修筑高大的城墙，保护自己的安全。

事实上，稍具规模的"城"都只能出现在阶级社会诞生之后。因为只有发展到奴隶社会，才有可能动员较多的人力物力；而筑城的主要目的又是为了统治者的安全，所以城墙自一出世，便打上了阶级的烙印。上面的故事虽然只是个神话，却也在一定程度上揭示了城墙的这一属性。

作为文字，"城"字最早出现在周朝的金鼎文中，写作"𩫖"（《篆字注释》），左边的"𩫖"是一座完整的，建有城楼的封闭式城防工事；右边，是一柄意象化了的古代兵器——大斧头。古代斧头代表着权力和武备。这个"城"字活生生地体现出古代城墙的军事目的与作用。此时营造防御工事的指导思想，已是以防人为中心了，并公然地成为私有制的保护象征。

城墙的军事作用是保卫私有制，而在意识形态方面，城墙的形体规模，又是等级森严的宗法制的严格体现。

春秋晚期齐国官书《考工记》中，对依尊卑位分而定的礼制营城有严格的规定。

首先，城以大为贵。城分三级，王城为最高等级，"方九里"；诸侯次之，"方七里"；卿大夫采邑为第三级，"方五里"。其次，城隅以高为贵。王城高九雉（一雉等于一丈）（《考工记营国制度研究》）诸侯城隅高七雉；卿大夫采邑城隅高五雉。最后，道路也按九、七、五排列。这些制度任何人不得变动，如若违背，就犯了僭越罪，立斩不赦。

然而营建城池的工程又是负有荫庇万世之责的伟业。所以古人建城时，除须尊人主之仪外，还要祭乾坤，尊"天意"。这种崇畏上天的思想，在科学发达的今天，显得那么愚昧、可笑，但在对客观世界没有科学认识的古代，"顺天意而为之"则是一桩无比重要、非常严肃的大事。《诗经》里曾赞"天"曰："皇矣上帝，临下有赫。监观四方，求民之莫。"在冥冥中监管众生的"天"也就是"上帝"，是无所不在、无所不知的，他制约着下界芸芸众生今生来世的生死富贵。顺天者昌，逆天者亡。因而上至皇帝，下至庶民，无论做什么事，都先要卜问天旨方敢行事——营城，则更应如此。

在西安建都的第一个王朝——西周，曾留下营造都城时占卜问天的记录，"考卜维王，宅是镐京，维龟正之，武王成之"（《历代宅京记》）。

观星象是古人考察天意的另一种方法。古人以为，县城合斗垣上应天市，星辰的排列、移动都是"天"向下界表示的某种旨意。并把二十八星宿，自西向东，以七个为一列，排成四组，名之东方青龙，西方白虎，南方朱雀，北方玄武，用这四只神兽掌管天的四极，预报凶吉祸福。隋文帝开皇二年，散骑常侍庾季才曾奏报文帝，曰："臣仰观天象，俯察图记，龟兆允袭，必有迁都。"文帝听后，愕然半响，叹曰"天道聪明，亡有应征"，遂发诏营建新都大兴城（《西安府志·卷一》）。

到具体破土开工建造城池、宫殿、房屋时，古人又依据由五行八卦混合一体的术数——堪舆法（俗称"阴阳风水"）来施行。这种把五行的西金、

城楼

东木、北水、南火、中土与八卦的乾天、坤地、坎水、巽风、艮山、兑泽、震雷、离火相配合，测量建筑物方位、形体，并以此来推算居主后世命运的方法，有着浓郁的宗教文化色彩，它在中国古代建筑行业中影响极大。

从城墙的起源一直到后来的发展成熟，尊天意、合阴阳、守法度是一条通贯始终的定律，统治者依照这个定律，大肆营造城池，用它来保卫自

己，宣示国威。

 **城墙的发展和分类**

城墙的发展与分类，可分别从纵横两个方面归总。

从纵向归总，可以把它的发展分为三个阶段：

 1. 原始社会的简单阶段

简单阶段，起于新石器时代而止于夏，历时 1000 年左右。这个阶段还没有"城"的概念，修建在居住区外的土墙石壁只能称为"墙"。

 2. 奴隶社会的成长阶段

成长阶段，从夏代到周代，历时 1300 多年。这个时期的国家，国王是至高无上的权力的化身，"普天之下，莫非王土；率土之滨，莫非王臣。"国王的宝座下，是用宗法等级制建设的，由各级奴隶主支撑的覆斗式的统治大厦。原始公社时期那种平等互爱的温情时代，像东流江水一样一去不复返，取而代之的是两大阶级间明显悬殊的物质上的贫富差别和不可调和的精神上的仇恨。

奴隶主在阡陌纵横的井字形领地上，一方面为自己高贵的身份和拥有大量的私有财富感到得意；另一方面又在寂静的田野里感到了奴隶们那深沉的仇恨，于是，奴隶主便按自己的身份、等级营造保护自己家族安全的城邑，因而，这一阶段是奴隶主城邑时期。这个时期的特点是：城墙营建规模是宗法制度的体现，有鲜明的等级差别，带着浓厚的私家营垒意味。

这个时期城墙的建造形式，从《考工记·匠人》（《考工记营国制度研究》）中营建王城的法式中可窥见一斑。曰："匠人营国，方九里，旁三门。墙厚三尺，崇三之。城隅之制九雉，囷窌仓城，逆墙六分。"以这种法式来看，王城长宽各为九里，每

古城墙

边墙开三座城门，全城共有 12 座城门。城墙厚三尺，高九尺。城墙四个城角各高三丈，上建角楼。陡立的城角，成为城防的屏障，增强了城墙的防御能力。逆墙就是女墙，"逆"是建筑术语，表示斜度收分，逆墙的高低尺寸是城墙高度的 1/6。

以上营建王城的法式仅是书中记载，实际中营城的情况，夏朝仅有传说，无据可考。商朝，从 1983 年在河南偃师尸乡沟发掘出的商汤早期都城——西亳城垣遗址看，当时墙体用夯土板筑而成，厚 18 米，可城门洞却仅宽 2 米左右，按这种不成比例的式样推断，城门上还没有建城楼。

商朝城墙外部一般都挖有环城护壕。如：1974 年考察商代的盘龙城遗址时，就发现城垣外有宽约 10 米的壕沟。

周朝，是这阶段的鼎盛时期，特别是瓦和砖的出现，基本上结束了"茅茨土阶"的建筑状况，城上也建起了高大的城楼，这已从金鼎文的"城"字上清楚地反映出来了。

 ### 3. 封建社会的成熟阶段

成熟阶段从春秋战国开始，直到清朝，历时 2600 多年，属封建集权制营城阶段。特点是：军事、政治、经济三要素同时成为营建城池的考虑条件，城墙本体随着武器的发展，形体构造逐渐改进、完善、定型。

这阶段可分为前后两个时期。前期从春秋战国开始，到元朝止，是城墙结构成熟前的过渡时期。

在社会发展史上，春秋战国时期是我国封建社会的开始，此时城墙建设中的飞跃是冲破了宗法制的营城典规。由于臣强君弱的政治变化，原来等级森严的宗法营城制，被强臣置若罔闻，诸侯们根据自己的力量和需要违制修筑城墙，兴起了第二次大规模的城市建设高潮，这是当时"礼崩乐坏"的新政治局面的产物。此时，齐国的政治名著《管子》一书，提出了一套代表新兴封建地主阶级意识的城市规划理论，集中体现了第二次建城高潮的政治趋向。书中首先彻底推翻了体现奴隶主宗法等级制的城邑建设体制。旧制中王城及诸侯的城池称"国"，卿大夫采邑称"都"。而《管子》书中却是以城市大小、居民的多寡为标准划分城市等级，即所谓"万室之国，千室之都"，赋予城级以新的内容。其次，在具体的城建规划上，《管子》以"定民之居，成民之事"为指导思想，强调按职业划定居住区，废弃旧制中按阶级划地聚居的规定。这既标志着阶级关系的新变动，也反映了封建城市经济的需要。最后，在选择建首都城池城址上，与旧制中以井田制为基础的"择中论"相悖，主张"因天材，就地利""凡立国都，非于大山之下，必于广川之上；高毋近旱，而水用足；下毋近水，而沟防省"，总结了选择"国都"地址的经验教训，反映出新兴地主阶级重实际、轻形式的思想观念。

齐国的国都临淄就是这样一个新兴的人口集中、经济繁荣的大城市。临淄城原属第三等级的卿大夫采邑，旧制规定只准"方五里"，到战国时期，齐国势力日益强大，问鼎之心渐盛，原"方五里"的小城远不能满足做国都的需要了。于是，齐国便根据自己的需要，大胆地扩建了城池，与周天子分庭抗礼。齐相晏婴在出使楚国时，曾向楚王描述过临淄城的景象："城中车毂相撞，行人摩背，挥汗成雨，呵气成云。"一派盛世丰年的情景。除临淄城外，燕国的下都、赵国的邯郸、楚国的郢城都是当时的大城市。

新兴阶级的崛起，掀起了扩城的高潮，但诸侯的强大、争雄又挑起了频繁的战争。由于这时冶炼技术比较发达，制造的武器种类繁多，威力大，因而，城墙的厚度和高度都有变化。考古证实，洛阳涧滨东周城垣，旧城厚度只有5米左右，到战国时加厚到10米以上，重要部位甚至加厚到15米。

西汉初年，北方边境居住着强悍的游牧部落——匈奴。他们乘汉政权初建兵力不足的机会，常在边境侵犯、骚扰，是汉朝的主要外患。为加强边境的军事防卫，阻止匈奴入侵，文帝在位时，晁错曾对边防建设献策，说："为之高城深堑，具蔺石，布渠答，复为一城其内，城间百五十步"。晁错主张建的边城，实际上是"回"形城。一城之内筑曲折回环的城墙数道，每道城墙都有壕沟相间，城门交错，门内还设机关暗道，不熟悉情况的人，猝然入城，必定迷失方向，最终为守军俘虏。"回"形城的防御功能比普通城墙更强，因而，晁错的建议一经提出，立刻得到文帝的赞赏，马上就

汉代古城遗址

在边防建造推行。此后，汉代边防的重要关口就都筑成"回"形城。1961年，在内蒙古呼和浩特塔布秃村就发掘出了一座这样的汉代"回"形城遗址。

汉代边防的防御网一般是"三里一燧，十里一墩，三十里一堡，百里一城寨"。易守难攻的"回"形城，通常建在重要的隘口关道，同其他防御点组成完整严密的边境防线。"回"形城在边境上沿用很久，直到辽金时代还在广泛使用。1959年在牡丹江林口县发掘的金代通城遗址，就是"回"形城，只是城门的修建比汉朝又有发展。每座城门分里外两遭隘口，隘口之间用曲折的甬道相连，甬道两垣的高度不低于内垣。当地人把这种城门叫作"转角门""三环套月门"，其防守能力较汉代更为严密。

到曹魏时，城墙建设有了里程碑式的飞跃。魏都洛阳城的西北角，建了一座堡垒式的金墉城。虽然它仍是夯土版筑而成，但在城墙外侧，创造性地修建了突出墙体的墩台，城隅修建了角楼，城顶外沿建了女墙。墩台、角楼、女墙这些军事设施的出现，大大提高了城墙的战斗作用和防卫能力，也反映了社会局势的动荡不安。

唐朝的边防城墙，出现了保护城门、延长城门防线的瓮城。瓮城的出现，缓解了城门遭火攻的威胁。

城门普遍建造瓮城是从宋朝开始的。宋人用火药制造火器，并大量用于战争，城门首当其冲成为整个城防的薄弱环节。因此，宋朝不仅边防城墙修瓮城，内地的城池一般也都筑瓮城，重要的城池还加筑三四道瓮城。

元朝是"过梁式"城门向"券拱式"城门转变的过渡时期。1969年在拆除北京西直门箭楼时，发现了包裹在其中的元大都和义门及其瓮城遗址，处处可见过渡痕迹：门砧石上留有铁"鹅台"（承门轴的半圆形铁球），砖券只用四层券而不用伏（券是竖砖，伏是丁砖），四层券中仅一个半券的券脚落在砖墩台上，说明砖券技术有待成熟。

后期，从明朝到清朝，历时592年，为城墙建设的成熟阶段。这个阶段的特点是：全国大小城市普遍修有城墙，马面、女墙、角楼、垛墙、敌楼、箭楼、城楼、闸楼、吊桥、瓮城等城墙上的附属军事设施，已成为城墙构造的定格。

明朝对城墙的最大改进，一是用砖砌墙面，增强了城墙的坚固性；二是改变使用了2000多年的木构过梁式城门为砖砌券拱式，城楼也变为直接砌筑在砖面的城顶海墁上。以砖代木，有效地防止了火攻城门的威胁，大大提高了城墙的防御能力。

这个改进，标志着我国的城墙建筑已完全成熟了。

从横向归总，城墙的建造可分军事城堡和普通城池两大类。

军事城堡，以守边、保卫疆土为目的，因而，防御严密为其突出的特点，一般都筑有附属军事设施。

军事城堡

普通城池，特别是都城的城墙，以显示国威为重要内容，雄伟、威严是它的特征，一般不建军事附属设施，但城内筑重城，城墙厚重敦实，尤其城门建造得特别壮观。汉长安城的城门全是三道观，唐长安城的正南门则筑有五道观。雄伟宏大的外形，从精神上造成一种威势，使人肃然起敬。

知识链接

国礼城砖

20 世纪 50 年代，美国匹兹堡大学邀请北京大学历史地理学家侯仁之教授访问讲学，美方同时希望得到两块中国的城砖作为纪念。侯先生经过请示并报国家有关部门研究，决定选用两块明代的城砖作为国礼送给美方。美方在得到礼物的时候欣喜异常，因为城砖的一侧盖有这样的印迹："嘉靖三十六年"。美国建国的时间是 1776 年，嘉靖三十六年是公元 1557 年，也就是说，这两块砖的历史比美国建国的历史还要早 219 年。这两块象征着中美友谊的城砖，一直存放在美国匹兹堡大学的展室中。

第二节
古城墙的形制

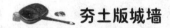
夯土版城墙

那些远古时候留下来的城池遗址，它们的城墙都是夯土筑起来的，从那时候开始，夯土筑城的方法流传了几千年。具体的办法是：在城墙墙基处挖掘比墙基稍宽，深约 1.5～2.5 米的基槽，将调好湿度的泥土一层一层地铺在里面，每一层都用夯石或者木杆夯打结实。地面以上的部分则在墙的两侧一层一层地架设木夹板，铺土、夯筑，渐次上升，也渐次变窄，每个夯层上都会留下明显的夯窝，建成后的城墙横断面是梯形的。这样夯筑起来的城墙坚固持久，今天我们还能看到 2000 多年以前的夯土城墙，如郑州商城遗址的商代城墙就是夯土筑起来的城墙，上面可以看到一层一层的版筑痕迹和架设脚手架留下的插杆洞、夹棍眼。郑州商城周长约 7000 米，城墙高 10 米，顶幅宽 5 米，四周城墙有大小缺口 11 处，很有可能是当年城门的遗迹。

古代中国人不仅用夯土版筑法建筑城墙，他们也用这种方法建造房屋的墙壁、院墙、各种围墙等。直到今天，在黄土高原的山西南部还有许多村落可以看到夯筑墙壁的遗迹。在福建三明、清流、永安、大田、沙县等客家人聚集的地方，用来自中原古代的夯土版筑技术建造房屋也是传统民居的一大特色。举世闻名的万里长城有相当长的部分也是夯土版筑而成的，至今在山西、陕西、甘肃、新疆等地还保留有漫长的夯土建筑的古长城遗存，沿着长城越往西走，这样的长城遗迹越多。一些用夯土法筑起来的烽燧历经两千年的风雨，仍然屹立不倒，是我们了解和研究古代夯土版筑技术的丰富资源。

城墙的等级与周长

　　城墙的长度显示着城市的社会和政治地位，也是城市经济实力和军事实力的反映。

　　城墙的周长决定了城池的大小和规模。不同等级的都城大小都有限制的制度，反映了某一时期分封贵族的等级差别。事实上，在中国古代城市几千年的发展过程中，国都也常常是当时全国最大的城市，城墙最长，面积最大，显示着中央集权的特殊政治和经济地位。秦汉至隋唐时期的长安、洛阳，宋代的开封、临安，明清时期的南京、北京，都是各个时期最大的城市。唐代长安的城墙周长有 35.5 千米，是当时世界上最大的城垣，城内面积 84 平方千米，城池是现在西安城的 10 倍。城的规模和城垣长度成为城市的政治、行政和文化地位的象征。

　　明代南京城墙是现存世界上最大规模的古城墙。1368 年，朱元璋定都南京，称应天府。在此之前的 1366 年，朱元璋就接受学士朱升"高筑墙，广积

南京城墙

粮，缓称王"的建议，动用 20 万工匠开始着手修筑南京城墙。到 1386 年城墙竣工，历时 21 年。南京城墙的建筑规模宏大，雄伟壮观，城墙基宽 14 米，高 14～24 米，顶宽 3～8 米，上有垛口 1.3616 万个，窝铺 200 座，城门 13 道，全长约 35 千米。

建造南京城墙时，除了使用传统的夯土筑城技术外，还大量采用石灰岩、花岗岩条石作基础，用城砖包砌墙面。有些重要地段全部用条石和城砖砌成，最大的条石重达千斤。筑城用的城砖是由长江下游 150 多个府县烧造进献的，各地的监造官、窑匠等人的名字还被刻在城砖面上，表明有专人负责城砖的质量。特别是在江西袁州、临江两地烧造的城砖，用高岭土烧制，质地坚硬，密不透水，每块城砖重达 20 千克左右。当时人们还非常重视研究使用特殊的建筑黏合材料，使建成后的城墙无比坚固。

传说，修建城墙的时候，为使城墙坚固，人们用桐油、糯米汁、石灰等炼制灰浆来砌筑。明初江南首富沈万三，富可敌国，表现之一就是他居然可以捐出足够建 1/3 南京城墙的财富来帮助朱元璋成就这桩大业！

🍳 城垣环抱

城墙是中国城市文化的标志性建筑之一。城垣环抱形成了古城的基本形制。我们翻看各地的地方志，大部分在一开头的卷首位置就可以看到用中国传统绘图方法绘制的城池图。根据这些城池图，结合考古发现和现存的古城的形状，我们可以知道中国古城的大多数城墙都是围成一个矩形，只是随山河地势和防卫的需要略作变通，有的是不规则的矩形，有的就是正方形。平原地区的城池形状比较规整，山西大同古城的城墙就是一个正方形。北宋都城东京汴梁的位置在今天的河南省开封市，处于辽阔的大平原地带，虽然原来的城池已经在宋金战争中被完全摧毁了，但根据史料记载和专家的研究复原，汴梁城的城墙基本上是一个规则的矩形，由宫城、内城、外城三重城墙相套而成，非常整齐，每道城墙之外都有一道护龙河（护城河），是当时重要的防御设施。

中国古城中有少数城墙是建成圆形或椭圆形状的。安徽省的桐城是一座正圆形的古城，此外有名的圆形城池还有 1553 年修筑的上海县城。中国台湾省的新竹、彰化、宜兰等地的城池也是圆形城池。圆形城池建筑固然有地形、地势的要求，但在平原地带，能够建成完整圆形城池之处，建矩形城池也必定不受地形限制。之所以采用圆形建筑的形式，大概主要是考虑圆形建筑比矩形建筑更加节省建筑材料。从文化上来说，古代中国人对方形和圆形器物的爱好也可能影响了这样的选择。古人有"天圆地方"的观念，无论选择哪种形制，都有特殊的意味。我们今天还能看到的闽南客家民居就有一种圆形建筑，称为"围楼"。据说，朱元璋称帝以后，在他的老家安徽凤阳大兴土木，凤阳府城就设计成圆形的城池，而临近的凤阳县城却建成了规规矩矩的方形。

普通的城只有一道城墙，重要的城市如国都，往往有三道城墙。长安、洛阳、开封、北京、南京等古都都曾经有三道城墙，在外城之内有皇城和宫城，层层包围，以加强对统治者的保卫。外城是普通百姓的住宅区、商业区，皇城是中央政府衙门和官员住宅集中的地方，宫城是皇宫所在地。

墙外护城河

城墙城市形成之后，原来在半坡氏族社会时期围绕居住点的壕沟，演化成大多数城墙外围环绕的护城河。在华北地区，由于相对干旱少雨，如果没有充沛的河水补充的话，一般城市的护城河水量都不大，阻碍作用有限，但在建筑城池的时候人们还是尽可能地挖掘出护城河道来。

北京是金元明清历代首都，非常注重修浚护城河。明朝在1368年攻克元大都后，曾利用高粱河、积水潭作为北护城河，1419年南城墙南移的同时，又开挖了前三门的护城河，并将元大都东西护城河与新开挖的护城河接通，1564年为防蒙古骑兵对京城的威胁，修建包围南郊的外城，开挖新护城河，修浚南护城河，形成北京"品"字形护城河的格局。北京护城河全长41.19千米，水源是通过人工开凿河渠，引入玉泉山和白浮泉的泉水，水量大的时候，护城河岸垂柳轻扬，白鸭戏水，一片美

护城河

丽景象，但到民国初年美国人西德尼·甘博在北京从事社会调查的时候，进入护城河的河水已经很少了。

　　在秦岭以南的大多数地方，水量丰沛，护城河独特的防护功能得到了发展。今天还能看到的江苏省常州市的淹城，是一座自春秋时期就建筑起来的古城遗址，古城的三道城墙外环绕着三道护城河，显示出极好的防护功能。湖北省的襄阳古城雄踞汉水中游，城池修建于汉代，唐宋时期就修建了砖城，明代再修，城墙高大坚固，城池三面环水，一面靠山，它的护城河是中国最著名的古护城河，宋代时的平均宽度有180米，堪称"华夏第一护城河"。直到今天，游客们还可以在这条古河道上泛舟，领略这座千年古城的壮美雄风。

知识链接

华夏第一护城河

　　引水注入人工开挖的壕沟，形成人工河作为城墙的屏障，一方面维护城内安全，另一方面阻止攻城者的进入，这是古人在防御手段上对水的妙用。护城河内沿筑有"壕墙"一道，外逼壕堑，内为夹道，大大提高了护城河的防御作战能力。

　　天下护城河，以襄阳护城河宽度为最。据史料记载，早在宋代，它的平均宽度就超过了180米，最宽处达到250余米，堪称华夏第一护城河。现在基本保存着原样。

　　襄阳地处华夏中部，据历史学家研究证明：中国从北至南，到了襄阳，地表水骤然丰沛。而只善陆战不善水战的北方民族，在历次南侵过程中，兵临军事重镇的襄阳城下，往往会望水兴叹。聪明的襄阳人逐步认识了水的城防功能，护城河于是一次又一次地在战争间隙被拓宽、掘深，从而形成了"中国第一"。

第三节
古城墙的结构

城门：墙内外的通道

城门是城墙内外居民进出城市的通道。古代城池的四边都有城门，城门的多少根据城的大小、城墙的长度、城市的行政等级来决定。一般最小的城也在东西南北四面城墙正中的位置各开一座城门，民间习惯称呼这些门为东门、西门、南门和北门。实际上这些城门都有非常文雅别致的名称，例如清代上海县城有东南西北四座正门，东门叫作朝宗门，南门叫作跨龙门，西门叫作仪凤门，北门叫作晏海门。为了通行方便，上海在南城墙偏东的地方开了一座小南门，叫作朝阳门，东墙北段开小东门，叫作宝带门，北墙东段开小北门，叫作障川门。上海位于长江入海处，河流密布，水运频繁，因此上海城墙四围还开设了四道水门。

大的城市，特别是首都、省城和府城等重要地方，人口集中，出入城池交通量大，每边城墙上不止开一座城门。明代南京城是至今保存比较完整的古代都城，位于长江下游南岸的南京，山水环抱，自古有虎踞龙盘之称。由于山河地势的限制和军事防御的需要，南京城墙修建的时候，没有把它建成一座规整形状的城池，因此也可以把它看成中国最不规整城池的代表。全城有城门

城门

13座，分别是：聚宝门（今中华门）、三山门（今水西门）、石城门（今汉西门）、清凉门、定淮门、仪凤门（今兴中门）、钟阜门（今小东门）、金川门、神策门（今和平门）、太平门、朝阳门（今中山门）、正阳门（今光华门）和通济门。

今天我们能看到的古城，城门洞口的形状大都是拱门形状，考古学上称这种城门为券门。但在宋代以前，城门大多数都采用方形门洞，考古学上称之为圭角形门洞，这样的门洞正面看是一个主体为矩形，上部有梯形门楣的门洞。宋元之后，城门洞口都改为更加坚固的券门门洞了。明清以后，人们习惯在城门门顶的券龛上用砖雕刻出一块门匾，上刻门名。以北京的城门来说，正阳门、阜成门、宣武门、安定门等，这些城门的名字都刻在门顶的券龛上面。重要城市的主要城门，还刻有表示城门重要性的语句。如正定府南门就刻有"九省通衢"四个大字，表明这里是南方各省人士进出北京大道的必经之地。

城楼：城墙上的观察站

城门之上的门楼就是城楼。城楼标志着出城门的位置所在，城楼还可以观察和控制出入城市的人；可以瞭望观察远处的敌情，查看城内状况，做好防卫准备。城楼建筑在城门洞墩台的上部，里外两面都比城墙突出很多，构成城门的坚固基座，称为城台、墩台。重要城市的城楼建筑往往高大雄伟，显示出城市特有的气势。北京的九个城门都建了城楼，其中的正阳门是内城的正门，元代称丽正门，从离卦中"日月丽乎天"得名，又称前门。

瓮城：古城墙的"守卫城"

为了加强防卫，重要城市和主要城门往往还要在城门处加筑一道瓮城，也叫月城。"瓮城"是一个形象的名词，瓮是中国人几千年来使用的一种内部空间大、口沿小的陶制容器，瓮城就是城门之外的小城。瓮城和城墙连接，所有进出城门的人都必须首先经过瓮城的城门进入小城，再转弯进入城门。瓮城的式样有方形、梯形、半圆形，城墙的高度、建筑面貌和城门相同。只是瓮城的面积很小，而且瓮城城门和主城城门做成一个90°的直角，这也有加

古城楼

强防卫的意义，可以阻碍进入瓮城的敌人直接进攻主城城门。即便敌军攻破了瓮城城门，还有主城城门可以防御。由于瓮城内地方狭窄，不易于展开大规模兵力进攻，延缓了敌军的进攻速度，而高居城墙顶部的守军则可居高临下四面射击，给敌人以致命打击，正所谓"关门打狗""瓮中捉鳖"。

　　一座城市有几个瓮城以及在哪个城门口修建瓮城，要根据全城的战略需要、地势地形和交通情况来确定。元代建设大都城的时候，11 个城门都建了瓮城。明清两代重建北京城的时候，只在正阳门、德胜门和西直门三个城门建了瓮城。我们今天还可以看到德胜门高大雄伟的箭楼和瓮城城圈，它们是保卫北京的军事堡垒。德胜门城台高 12.5 米，东西宽 39.5 米，箭楼坐北朝南，楼高 19.3 米，上下共有 4 层，有射箭窗口 82 个，北侧 48 个，东西各 17 个，这些是守城军士对外射击的窗口。从这座雄伟壮观的城防建筑，我们可以想象到明清时期德胜门在京师特有的战略地位。明代南京城的南门聚宝门是南京正门，地理和战略位置十分重要。这里修建的城堡式瓮城有里外三重城墙，又有三座券门与主城门相连接，是现存规模最大的一座瓮城。

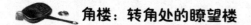
角楼：转角处的瞭望楼

角楼是建在城墙转角处的瞭望楼。在城墙转角的墙顶上修建角楼，可以从多个方向瞭望远处的敌情，也可以比较全面地观察城内各处的情况。角楼起源于秦汉时期的私人住宅，特别是贵族住宅四角修建的望楼。考古学家在唐宋时期的城池遗存中就发现了角楼建筑的遗址，一些古代绘画里也描绘了当时的角楼建筑。到了明清时期，一般城市修建角楼的逐渐增多，特别是皇城和宫城的四角，大都建有角楼。目前，北京故宫四角的角楼是历史上角楼建筑中最精美的遗存。这些角楼始建于明永乐年间，清代重修，是紫禁城城池的一部分。角楼坐落在 9 米高的城墙上，基座宽 17.7 米，高 18.2 米，层层叠叠，雕饰华美，黄瓦朱漆，豪华瑰丽。北京外城的四角原来也都建有角楼，但现在仅剩下一座东便门角楼了。这座角楼建于明正德四年（1509 年），城台基座高 12 米，角楼高 17 米，是一座转角 L 形的重檐歇山顶角楼。楼体外侧开有箭窗，上檐一排箭窗，下檐三排，一共有 144 个箭窗口。在冷兵器时代，这些箭窗具有很好的防御功能，是古代城防建筑的珍贵实物。东便门角楼是我们了解明清北京城角楼的唯一实物证据。

马面：强化城墙的防御力

马面是增强城墙防御能力的重要设施。马面也称敌台、墩台、墙台，就是在城墙外侧，每隔一段距离，筑起凸出城墙平面的半圆形或方形墩台。马面在战国时期就已出现，汉代的城墙上大量修建马面，当时马面的台面上不建楼，是露天的战斗场所。唐宋以后，一些城池的马面上建有敌楼，既可屯兵作战、储藏军资，也可观察瞭望。马面的作用主要是在作战时与城墙相互支持，可以自上而下从三面攻击敌人，组成火力网，消除城下死角，有效打击来犯的敌人。实心的马面外面用砖石砌成，内部用夯土层层夯实，在一定程度上还能够起到加固城墙的作用。一些大型的马面往往建成空心的，里面有仓库，可以储存军用物资，有梯磴可以向城上输送兵力。按照战争防御的需要，马面间距在几十米到 200 米左右，这个距离大致在弓矢射击和投石炮击的有效射程之内。

敌楼

马面是中国古城墙的常见设施，西安古城墙的每座马面上都建有两层的敌楼，平时驻兵，战时就是防御的据点，现在则是古城墙上的标志性装饰。山西平遥古城的城墙马面上原来没有敌楼，明隆庆三年（1569年），在城墙上加筑敌楼94座。和西安古城墙的敌楼相比，平遥古城的敌楼比较简朴，显示了它们在经济和政治地位上的差别。明代南京城的城墙走向不平直，多曲折转弯之处，整体上是不规则形状，只要利用各段城墙之间的曲折回转就容易组织侧防，相互支援，实际起到了马面的作用。因此，明代南京城的城墙就成为一座国内少见的没有马面的城墙，也是一座没有角楼建筑的都城。

女墙：城墙上的凹凸窥视体

为了战争的需要，城墙上部还建有女墙。这是在城墙顶部外侧筑起来的连续凹凸的齿形矮墙，在反击敌人来犯时，有掩护守城士兵的作用。具体做法是：从城墙上地坪开始砌至人体胸腹部高度时，再开始砌筑垛口。垛口一般砌筑成矩形，垛口上部砌有一个小方洞，即瞭望洞。瞭望洞的左右侧面砖呈内外八字形，这是为了便于瞭望敌人，又不易被敌箭射中。下部砌有一个小方洞，是张弓发箭的射孔。射孔底面向下倾，便于向城下射击敌人。

　　女墙是中国古代城垣建筑的重要组成部分，不仅大大小小的城池修建女墙，就是一些建筑规模较大、设施比较完整的官僚士大夫家的豪宅大院也往往在墙头使用女墙这样的建筑形式，以备防御外敌的需要。《康熙字典》的总编纂官，先后担任过康熙皇帝的老师、吏部尚书和文渊阁大学士的清代著名学者陈廷敬，他在山西省阳城县北留镇皇城村建有一处规模宏伟、雉堞林立的私家城堡式建筑，许多院墙的顶部都建有女墙。

　　女墙这种防御设施在中国的万里长城上也有体现，其功能和建造式样与城市城墙上的女墙基本一致，唯一不同的是长城上的女墙是在城头里外两边都砌墙，以应对两面作战的需要。

藏兵洞

藏兵洞：城墙里的地堡暗道

许多城市的城墙还建有藏兵洞，平时用来屯驻士兵，战时就是作战掩体或设置埋伏的地方。南京明城墙的聚宝门，是明初都城的南正门，也是明代南京13座城门中规模最大的城堡式城门，城堡的东西宽118.5米，高20.45米，城堡内部分为三座瓮城，由四道券门贯通，是我国现存规模最大、保存最完好、结构也最复杂的城堡式瓮城。瓮城的上下两层共有13个藏兵洞，左右两侧的马道下还有14个藏兵洞，整座城堡的27个藏兵洞，可以容纳近3000名士兵埋伏作战，充分发扬了瓮城在保卫城池方面的功能。1931年，聚宝门改称中华门，中华门藏兵洞成为我国比较著名的藏兵洞。江西省赣州古城墙是现存比较完整的宋代城墙，在城门的重要位置建有瓮城，也能够看到规模庞大的古代藏兵洞遗迹。

城砖：城墙坚固程度的保障

城砖是古代专供垒砌城墙的大规格烧结黏土砖。黏土砖大体都是青灰色，因产地不同，尺寸略有差异，现常见规格有480毫米×240毫米×130毫米，440毫米×220毫米×110毫米，400毫米×200毫米×65毫米等。

明朝法律森严，城砖作为战略物资，备受重视。城砖的质量好坏关系到城池的安危，责任重大。城砖的生产窑场除了皇家信得过的几家之外，其余窑厂出品的城砖定要钤上印迹，标明年代、地址、窑厂名称、窑户姓名及工匠姓名，以便追溯有据。明代早期的印戳位于城砖的长侧面，戳记无边框，为较深的阴文楷书。如南京城城砖的印迹：洪武□年□月。北京城城砖可见成化十七年、正德十一年等，印迹亦无边框。嘉靖年间的城砖，印迹也在砖的长侧面，只是戳子加了边框，有单边框、双边框之分。有的砖

石头城上的明代城砖

上甚至有印戳多个，如"嘉靖伍年临清厂精造"（大字）、"窑户张宗"（小字）等。同为一长方形竖戳，下面另有一小长方形竖戳："匠人□德"。印文为隶书阴文。同一时期的城砖印文也有阳文楷书，如嘉靖十八年秋季窑户史□造。

清代城砖只有部分砖有印迹，也有边框，为小长方形，印文在砖的短侧面。大多只有年代或窑厂名称，没有窑户姓名，没有匠人姓名。如"乾隆叁年""宝丰窑记""荣生窑"。也有的砖标明城砖用料及工艺性质，有的还加上窑厂名称，如"细泥停城砖""细泥亭澄泥""通和窑细泥停城砖"。印文均为楷书阳文。有的城砖上的文字还好像是特为某处订定制，如"圆明园"等。有的是标明砖的用途，如"停滚砖"。总之，清代城砖上的文字追查责任的功能好像不很突出了，印文更像是商品的标签和广告。

说到城砖，最有名的还是长城上的定城砖了，这里有个关于长城上定城砖的传说。相传定城砖指放置在嘉峪关西瓮城门楼后檐台上的一块砖。明正德年间，有一位名叫易开占的修关工匠，精通九九算法，所有建筑，只要经他计算，用工用料十分准确和节省。监督修关的监事官不信，要他计算嘉峪关用砖数量，易开占经过详细计算后说："需要九万九千九百九十九块砖。"监事官依言发砖，并说："如果多出一块或者少一块，都要砍掉你的头，罚众工匠劳役三年。"嘉峪关竣工后，只剩下一块砖，放置在西瓮城门楼后檐台上。监事官发觉后大喜，正想借此克扣易开占和众工匠的工钱，哪知易开占不慌不忙地说："那块砖是神仙所放，是定城砖，如果搬动，城楼便会塌掉。"监事官一听，不敢再追究。从此，这块砖就一直放在原地，谁也不敢搬动。现在，此砖仍保留在嘉峪关城楼之上。

城墙里的巧妙布局

  东西南北四边建筑高墙围合起来的一块地方,每边有若干道城门,城门连通城内街巷,形成一个大型的棋盘式城市空间。这就是人们对中国城市布局的概略印象。不仅西方人,一些中国城市规划专家也认为,棋盘式是中国城市的典型特征。实际上,古代的城市布局并不是如此简单。接下来就让我们一起欣赏一下先人留下来的巧妙布局。

第一节
古城布局

古代城市的布局原则

早在春秋晚期和战国时期就流传着一部名为《考工记》的书，后来这部书的内容被补入了《周礼》，成为专门讲述当时城池布局的著作。这部书里有这样的记载："匠人营国，方九里，旁三门。国中九经九纬，经涂九轨。左祖右社，前朝后市，市朝一夫。"这一段话是说：古代的匠人们在建国都的时候，把都城设计成九里的正方形城池，每边城墙上各有三座城门，城内纵横各九条街道。城池的中间是宫城，意在体现国王或者天子所居住的地方应该是天下中心的特殊观念。宫城里左前方是祭祀祖先的宗庙，意在不忘记祖先的功德，在这里祭祀祖先以取得祖宗神灵的护佑；右前方是祭祀社稷神的社庙，意在重视农业和民生，通过祭祀土地神和农业神，祈求年年风调雨顺，粮食丰收，人丁兴旺。宫城的外前方是朝，是处理政事的地方。宫城后面是市场。

由《周礼》确立的这个城市布局原则，成为中国古代都城及府、州、县城规划布局的基本原则和标准，也是中国历代城市建设的范本。我们从考古发掘的古城遗址和现存的许多古城建筑布局上，还经常能看到这个原则的长久影响。

明清时期的北京城和南京城都是遵循这一城市布局原则的典型。我们先来看北京城的布局。

古代城市布局思想

我们从周代关于建筑的文献记载中，已经可以看出大型建筑群已采用对称的布局，陕西岐山的周代建筑群布局就是例证。春秋战国的一些城址中，建有大型建筑的土台也按一定的轴线布置。汉长安城中宫殿部分的布局也十分严谨，隋唐长安城将中轴线对称的手法扩大应用于整个城市的总体布局，城门数目和位置、道路的格局和宽度、市的布局、坊里的大小与划分都严格按照对称的布局衬托出中轴线，宫门及主要宫殿建筑群都位于轴线上。

春秋战国的一些城市遗迹中，筑有高台，据考证，这些高台都是作为宫殿的基台而存在的，如秦阿房宫遗址有大土台，曹魏邺城西北角的三座高台，正是以高大的台基来突出主体建筑。发展到后来，如唐大明宫、含元殿、麟德殿也筑在高台上。在当时的条件下，人工建筑高大的土台工程量过于浩大，七公里长的朱雀大街也过于单调。明清北京城的规划布局吸取总结了过去的

秦阿房宫遗址

经验而加以发展，明清时，城市的中轴线虽长但变化多端，主要建筑物都有台基，通过一系列比例恰当的封闭的广场及两旁建筑物衬托，这样一来，主要宫殿看起来就更加巍峨壮观。

城市平面布局和建筑群中运用中轴线对称的手法，与中国传统建筑的特征有关，传统的木结构体系建筑，体量及跨度不会太大，较难在一个建筑内部划分过多的房间或满足多种功能的要求。因而在最小的建筑单位——住宅中，也采用一群小体量的建筑组合起来形成院落，以解决家庭居住的各种不同要求。在建筑群体布局中按照封建宗法观念，要有主次之分，往往将主屋建造得稍大一些或稍高一些，一般要朝南两边有配屋，自然就形成轴线对称的布局。至于一些大型建筑的庙宇、宫殿建筑群等，这种手法就更突出，以至扩大到整个城市的总体布局。

城市中的绝大部分建筑为低层平房的院落，只有宫殿、官府、寺庙等建筑较高大，还有少数的较高的建筑，如城门箭楼、钟鼓楼、塔寺等，构成起伏变化不太强烈的城市轮廓。

城门往往是城内主要道路的起点，高大的城门也成为道路的对景，钟鼓楼往往临主要干道或在干道交叉口建造，成为城市空间系列的中心点。

最初塔只是佛寺的附属部分，后来有的塔与寺分离，而按风水等原因建在山顶、河湾处，或形成街道的对景，使塔成为城市的标志，在城市中也构成较为强烈变化的天际轮廓线。

城市中沿街或跨街建造的牌坊或水网地区城镇的高大的拱桥，也均形成城镇变化的生动的景观。

古代的城市虽然都是劳动人民建造，但许多城市是有规划的，城市的规划思想，主要反映了当时统治者的意图，在一些平地新建的都城中，这种规划思想表现得更为明显。

有些规划思想与周代的一些关于城市规制的记载有关，如《周礼·考工记》中的“方九里，旁三门”“左祖右社”“前朝后市”等，也有的与封建礼制的一些规定有关，如文职机构在左，武职机构在右，明、清宫门前的王府在右，六部在左，左为文华殿、崇文门，右为武英殿、宣武门。

有些规划思想与儒家的哲学思想有关，如主要建筑或宫城要居中，体现“居中不偏”“不正不威”的思想。

有一些规划思想与当时流行的风水、迷信等观念有关，如主要建筑要朝

未央宫复原建筑

南，或朝东，不可朝北或朝西；北城墙中间不可开门，以免对"王气"不利，唐长安城皇城南面的四列坊，只有东西开坊门，不开南北门，以免冲"王气"。四列坊象征四季，全城南北十三牌坊里象征十二月加闰月。祭天的坛要设在南城，天坛用上圆下方的形制。开封在宫城东北建艮岳，因为"艮方补土"，皇帝可以生儿子。这些"艮土"等也是古代阴阳八卦中的概念。明、清北京天坛在南，地坛在北，日坛在东，月坛在西。还有源于兽中四灵的"前朱雀，后玄武，左青龙，右白虎"的概念，在城市布局及地名命名上也有反映，如宫南的路名为朱雀门大街，北门称玄武门等。

　　风水阴阳的概念与古代人类对自然的认识有关，后来逐渐牵强附会或与一些宗教迷信的观念结合起来，统治阶级则利用这些观念为其服务，逐渐形成一些制度，这些原始的概念也就逐渐形成。

　　中国古代虽无科学的规划理论，但各种封建等级制的规定，与风水宗教迷信的一些概念逐渐结合起来，也形成一些零散的理论，对城市规划布局有较大影响。对这些传统的观念要加以分析，有一些是封建迷信的糟粕，有一些是与传统的建筑与规划的优秀手法、空间艺术的处理技巧有关系的精华。有一些是统治阶级的意图，有一些是城市发展中客观规律与经验的积累，是劳动人民及匠师的创造性劳动成果，我们要用历史唯物主义的观点加以剖析，分别予以正确评价。

早期城市布局

宫殿、衙署和官方祭祀场所是中国古代城市最重要的建筑，这些建筑规划好了，剩余的空间才是官僚贵族的宅邸、城市居民的买卖场所和居住地。在中国城市发展史上，早期的城市中宫殿和祭祀场所都占有非常突出的位置，不仅位居城市中心，还占据了大部分的城市空间，显示出在城市设计之初就优先安排了这些建设项目的迹象。有专家认为，在中国城市产生的早期，城市最重要的地方可能是祭祀祖先的宗庙，其次才是宫殿。到了秦汉时期，随着王权的上升和帝王地位的神圣化，宫殿的地位才得以凸显出来，都城中的大片地方都被宫殿占据了。

现代考古学家经过50多年的发掘研究发现，与历史记载相同，汉代都城

汉代长安城复原图

长安城也是按照"经涂九轨，旁三门"的原则构筑，城墙四面都有三座城门，各门都有三个门道。城池中，先后建了长乐宫、未央宫、北宫、桂宫、明光宫和城外的建章宫等大型宫殿群，宫殿建筑几乎占了全城 60% 的面积。仅未央宫与长乐宫这两个宫殿群就占据了长安城内 1/2 的土地面积。从汉高祖开始，历经惠帝、文帝、景帝到汉武帝五代皇帝的持续修建，逐步形成了长安城宫殿、城墙、东西市等主体布局。

汉初，汉高祖刘邦先把秦代的兴乐宫改建成长乐宫。接着汉高祖七年（公元前 200 年），萧何在长乐宫的西面亲自为汉高祖建造未央宫。这个宫殿群由 40 多个宫殿台阁组成，周长 1.4 万米，它的前殿高 35 丈，东西 50 丈，深 15 丈，连汉高祖自己也觉得修建这些宫阙有点过于奢华了，但是萧何却认为"天子以四海为家，非壮丽无以重威"，把扩大宫殿作为在政治生活中显示天子威仪的重要手段。《史记》记载说，在长乐宫建成之后，儒士叔孙通率领他的一班弟子们在这里组织了汉代历史上第一次，也是中国历史上第一次正式的大规模朝见皇帝的礼仪表演大会。

文武百官、功臣王侯们整齐地分班站立在大殿前广场的东西两侧，兵士按照车骑步卒列阵受阅，殿外陈列着各种兵器，插着各种旗帜。鼓乐声中，皇帝在警卫护卫丛中乘坐辇舆出后宫，由赞礼官引导诸侯王以下百官挨次轮流谒见，所有的人无不被皇帝的威仪所振恐。在随后的酒宴上，那些稍稍错失礼仪的官员立刻就会被赶出去，加以严惩制裁，吓得王公百官们没有一个再敢在皇帝面前露出欢哗失礼的举动。陶醉在威势氛围中的刘邦对此感叹："我今天才知道当皇帝的尊贵啊！"

其实，都城的建筑布局，宫殿规模的恢宏设置，各种繁复的礼仪程序，都服务于一个核心价值目标，那就是要通过各种措施和细节来体现皇帝至高无上的权威。

东汉史学家班固在《西都赋》中对长安城作了铺张的叙述，他夸赞长安城的宏伟、富丽和繁华超越了商周时期的王城，形容它"披三条之广路，立十二之通门。内则街衢洞达，闾阎且千，九市开场，货别隧分。人不得顾，车不得旋，阗城溢郭，旁流百廛。红尘四合，烟云相连。于是既庶且富，娱乐无疆。都人士女，殊异乎五方。游士拟于公侯，列肆侈于姬姜"。

但是，汉代的长安城布局还没有明确把宫殿区与居民区完全分隔开来，城池布局呈现官民交错的状态。因为没有特意划分出中心区的宫城区，长乐、未央、明光、建章以及北宫、桂宫等，每一座独立的宫殿建筑群都单独用墙垣围合起来。而且，由于长安城池内专门为皇帝生活与服务的宫殿和苑囿占了大部分土地，加上贵族官僚大多数要在宫殿区的临近地方建造住宅，留给普通市民的居住地就十分有限了。就连长安有名的东市、西市也被庞大的宫殿群挤到了西北一角。

为了扩大都城的人口容纳能力，满足都城经济与文化生活的需要，汉代统治者在长安附近地区建筑陵城，即在长安郊区的皇帝陵墓附近修建附属城池，以安置从全国各地迁来的富豪和忠于皇帝的贵族官员家族，先后建成的有长陵、安陵、霸陵、阳陵、茂陵、杜陵、平陵七个陵城，这些地方居住着数十万的城市居民。当年汉高祖、惠帝、景帝、武帝、昭帝五位皇帝的帝陵都在长安西部，帝陵建成后，迁徙天下豪商贵族到五陵地区居住，因此，后来人们就将富贵人家的子弟称为"五陵少年"。唐代诗人李白写有一首《少年行》诗："五陵年少金市东，银鞍白马度春风。落花踏尽游何处，笑入胡姬酒肆中。"诗中描述的就是这样一群风流倜傥、徜徉街市的富家子弟。

长安是皇帝居住的地方，宫阙巍峨，王公富豪千门万户，甲第连云，到处都可以看到高大的阙楼巍然耸立。历史记载中，建章宫北面的凤阙高达20多丈，顶上置有铜雕的凤凰，成为城市特有的建筑景观，彰显出城市的富足、权势和庄严。

"小城"与"大郭"

城、郭为筑在城市四周用作防御的城墙，一般里面的称城，外面的称郭，往往又引申为城、郭里面的城市区域。商和西周的初期，都城只有一个城（即一个城墙）或壕沟，并无"城"与"郭"的区别。周公营建成周，开创了"小城"和"大郭"连接的布局。但是，西周时诸侯国因属周天子的下属，都不能采用成周王都的规格，直到春秋时代，随着周天子权力衰微和诸侯国力量的膨胀，一些中原诸侯国开始采用这种布局。战国时期，这种布局逐渐得到推行，除了楚都郢始终只有一个城，其他各国的都城差不多都采用了既有"城"又有"郭"的布局。

在春秋战国的都城中，"城"（又称宫城）面积较小，"郭"面积较大，因此，"郭"又称为"大城"。许多都城是大小两城相依，大部分城位于郭西南侧，占其一隅，例如齐国临淄即是这样。也有部分都城是两城并列，例如燕下都。二者的居住对象与职能也泾渭分明。城是国君、贵族和大臣的居住和办公之地，郭则是一般居民区，工商业区和墓葬区。所谓"筑城以卫君，造郭以守民"，概括了城与郭的不同作用。

春秋战国时期，吴国都城阖闾城和鲁国都城曲阜城都是采用城中套城的方式建筑的，城造在郭的中心，郭完全包围着城。这种形式在当时尚不普遍，但它更能保障统治者的安全，逐渐为各国所仿效。汉以后，城与郭分开的形式被淘汰，只有郭包城这种形式了。

秦汉至隋唐是中国都城布局趋于成熟定型的时期。至隋唐时期，后世都城布局的基本形式皆已形成。

宫城是皇帝起居饮食、发号施令的地方。早期都城内的宫殿，数量较多，占地面积较广，布局不紧凑。西汉长安城内，分布着未央宫、长乐宫、建章宫、桂宫等几大宫殿群。这些宫殿以及中央衙署往往与居民区交错分布，或为居民区所包围。自三国曹魏邺城开始，宫殿结构趋于紧凑，宫殿在都城中的位置也由汉代的正中偏南演变为集中分布在都城的北侧，形成单一的宫城，中央衙署集中在宫城的前面，居民住宅则安排在都城的南部。这样的布局分区明确，既有利于保障君王与中央衙署的安全，也在君王、臣僚、百姓之间划出了森严的界线。隋代长安城在中央衙署外又筑了一城，这就是皇城。它从东、南、西三面环卫着宫城。从此，一般的都城就有了宫城、皇城、外郭城三道城墙和三个严格区分的区域。

在城与郭的布局发生变化的同时，宫城在都城总面积中所占的比例也由大变小。汉长安城的宫殿占了都城的大部分面积，仅长乐、未央两宫就各占全城面积的 1/6 和 1/7，加上衙署、武库、宗庙、太仓等朝廷各机构的建筑物，占去 9/10 的面积，剩下供居住的仅占 1/10。因此，一般的贵族也要居住在郭外。唐长安城宫城仅占全城面积的 3.7%，皇城占 6.3%，二者相加才达 10%，而居民区则占了 63.8%，其他为道路、河渠等设施所占，较之汉代有了很大的进步。

衙署

商业区"市"的位置也发生了变化。最初市设在宫城的北面，以符合《周礼·考工记》"面朝后市"的原则。汉长安城就是这样建筑的，九个市都在未央宫、桂宫、北宫的北面。曹魏邺都突破了这种布局，市移到宫城南部的坊里间，改变了"面朝后市"的传统。

宫城和"市"位置的变迁，带来了另一个改变。西汉长安的宫城在全城的西南，整个城坐西朝东，以东门为正门。但是，在东汉的洛阳城中，南、北二宫南北纵列，以南门为正门，形成坐北朝南的布局。从魏晋南北朝到隋唐，都城从坐北朝南发展到东、西对称，并有南北向的中轴线布局，宫城向北移紧靠北城垣居中，突出体现了皇帝"面南背北""面南称王"的意义。不过，到了元代，为了附会《周礼·考工记》，元大都又重新采用了"面朝后市"的原则，将宫城移到都城的最南面，包在第二道城萧墙之内，居民区和市场都在萧墙之外。到了明代的北京城，又将皇城和宫城推到了城市的北部，但不是最北部，因此仍不同于隋唐。

郭和城的平面形状也不是固定的，而是有所变化的。大多数情况下近于方形，但不是如《周礼·考工记》中说的是正方形，而是长方形。曹魏的邺

襄阳城门

都以前，基本上是南北的纵长方形，从邺都起东西向横长方形开始出现。但总体而言，以后的都城仍以南北向的纵长方形为主。另外，还有一些都城的外郭，为适应当时的具体情况和地形，不采用方形布局。西汉长安城先造宫殿，然后再筑城，如此一来，导致外郭的形状极其不规则，看上去大体形状和天上的北斗十分相像，因此又被称为斗城。

早期都城的城墙都是用泥土夯筑，筑时一般是两边夹上护板，层层加土夯筑坚固。隋唐长安城，北宋开封城，无一不是泥土夯筑而成。这些城墙，至今已很难见到，只有极少数地方，例如洛阳东周王城、燕下都武阳城和西汉长安城，仍保留一些残墙断垣，默默接受岁月的洗礼。保存最好的是十六国赫连勃勃的夏国都城统万城，由于筑得特别坚固并且位于荒漠，因此，至今仍然风貌尤存。

到了皇权专制社会的后期，都城开始用砖建筑城墙。这一变化大约最早开始于我国南方地区。从唐末五代开始，南方的一些较大城市，例如成都、苏州和福州，相继用砖来筑城。砖建的城墙无疑比用土夯成的城墙牢固一些，并且不怕雨水，因此，宋元以来主要城市都采取用砖建城墙的方法。都城作为政治中心在此方面自然不甘落后。明代的南京城是我国历史上第一座用砖砌的都城，用每块约重20千克、统一规格的大型城砖包着城墙的外层，因而相当牢固，此后北京城也采用了这种做法。

棋盘式布局的形成

按照《周礼》的设计原则，宫殿建筑应安置在城池最中心的位置，但如果这样，受大型宫殿台阁建筑的阻碍，城市道路就不能够完全直通，也不能构成真正棋盘式的城市交通网。历史上符合棋盘式的城池建设典范，应该是唐代的长安城，因为它的宫殿集中建在城池的北半部，为整体上采用棋盘式的城池规划提供了方便。可以说，唐都长安是中国历史上最为规整的城池。

长安城，是中国历史上的名城，在中国都城发展史上占有特殊的地位。它

长安城

宏大的规模、棋盘式的街道、规整的坊里、左右严谨对称的轴线布置，不但是中国中世纪城市的典型，也影响了当时毗邻国家都城的形制。

长安城始建于隋文帝开皇二年（582年），位置于今西安市区所在地，西北距汉长安城13里，是一座新建的帝王都城。撇开旧城另建新都的原因主要有：汉长安城规模较小，且北靠渭河，已无发展余地；自西周以来800年间一直是周、秦、汉诸朝的都城所在，地下水位很深，水质咸苦，供水困难；汉长安城缺乏整体规划，宫殿、衙署、民居和商业市场的布局比较杂乱，又久经战火破坏。因此，当南北统一的形势已经稳定之后，有抱负的隋文帝便决心废弃旧城，在其东南六条冈阜（当时称为"入坡"）上另建新都，公元583年竣工，改名大兴城。唐朝继续以大兴城为都城，改名长安。经过数次充实扩建，终成我国封建社会建成的最大城市，也是全世界在封建社会建成的最大城市。

长安城是按照规划图纸进行建设的。它的设计方案主要是参考了曹魏邺城和北魏洛阳城的布局，既废弃了汉代的多宫制和宫殿区偏在南面，且与民居相杂的情况，把宫苑区和衙署区集中到城的北部，而以宫门南出的大道（朱雀大街）作为全城的中轴线。在城的中部和南部的居民区，则实行了一种整齐划一的里坊制度（共109坊），并且设立了专门的商市区（都会市和利人市，即唐代东市和西市）。负责建城工程的，在隋代是宇文恺，在唐代是阎立德，他们都是当时著名的建筑师。

长安城的遗址，已全部湮埋地下。经勘查实测，城市由宫城、皇城和外郭城组成。宫城位于都城北部的正中，平面呈规整的长方形，"东西四里，南北二里二百七十步，周十三里一百八十步，其崇（即高）三丈五尺"。今实测东西2820米，南北1492米，周长为8.6公里，面积约4.2平方公里。四周的城墙均是版筑的夯土墙。宫城内有太极宫、东宫、掖庭宫三宫。

隋朝大兴宫

皇城位于宫城南面，平面呈长方形布局，"东西五里一百一十五步，南北三里一百四十步，周十七里一百五十步"。今实测南北1843米，东西与宫城同，周长为9.2公里，面积5.2平方公里；北面无墙，与宫城以横街相隔。皇城内有东西向街5条，南北向街 7 条，其间有中央高级衙署、太庙和社稷分布其间。皇城共设 7 门，南面 3 门，东西各 2 门。皇城的所有大门均与城内大街相通。南面正中的朱雀门与宫城的承天门和外郭城的明德门在南北一条直线上。这条南北直线就是承天门大街（亦称天街）和朱雀大街，亦即全城的中轴线。

外郭城从东、西、南三面拱卫宫城与皇城，是居民和官僚的住宅区，也是长安城的商业区。平面形状为规整的长方形，南北长 8.6 公里，东西宽 9.7 公里，周长共 36.7 公里，面积为 841 平方公里（包括宫城与皇城面积）。城墙皆为版筑的土墙，仅在城门两侧的埔表面砌有砖。墙的厚度为 9～12 米，城高 5 米多。城外有壕沟。

在外郭城的东面城墙外，有一道与城墙平行的复墙。这道复墙就是开元十四年（726 年）所筑的"夹城"。两墙之间称为复道，宽约 50 米。其是供皇帝往来潜行的，几乎很少有人知情。

外郭城共设 13 个门，各门均建有高过人的门楼。城的东、西、南三面，每面各 3 个城门，位置匀称。明德门是城的南面正门，共有 5 个门道，显得庄严无比。城的北面有 4 个城门，3 个在宫城以西，仅 1 个在宫城之东。后者本来是通向禁苑的北门，唐代建大明宫后，则成为大明宫南面的 5 门之一。

丁字路布局

事实上，中国古代城市并不完全遵循棋盘式的整齐布局。单从交通的需要来说，四通八达的街道布局更加方便人员进出，达到行车通达、物流顺畅的目的。但是历来城市建设又必须特别注意满足军事防卫的需要。为了安全，城市的街道有的直通全城，有的不直通，街道面貌与长安迥然不同。古代城市道路有的东西直通而南北不直通，有的南北直通而东西不直通，道路交叉处还常常特意做成丁字路口的封闭结构；有的城市将道路建成拐角路口，两条大路相交形成 90°直角或者圆弧状。汉代长安城的丁字路口较多，主要是宫殿布局与民居交错形成的，但也有许多城市是为了防御需要而专门设计丁字路。遇到战争的时候，这样的道路容易使进入城市的敌人兵力、车辆不能直达，方便守军截击敌人。

历史上对中原政权形成威胁的外来势力大多数是从北方南下的游牧民族骑兵，因此，北方的一些城市丁字路口居多，对于阻滞骑兵的深入有一定意

古门洞

义。例如汾州府（今山西省汾阳市）有 17 个丁字路口。在太原老城中，除原四排楼一处为十字街外，全城街巷竟无一例外都呈丁字状。像这样在一座城市中设计如此之多的丁字路口，实属罕见。

太原古称晋阳，这里是传统的农耕与畜牧业交接地带，西周初年分封建邦之初，晋国这个地方曾被看成是"戎狄四处之区"，是一个多民族交错杂居又多战事的地区。自战国时期赵简子、赵襄子成就霸业以后，历经汉唐五代，太原地区先后出了十几个帝王，因此太原在历史上有"龙城"之誉。传说隋朝末年，李渊、李世民父子在晋阳起兵灭隋，建立唐朝之后，为了防止晋阳城再有别人起来造反、夺取皇位，特意在改建晋阳城的时候把城内的街巷全部做成丁字路，希望把这里的"龙脉"钉住。

可是到了五代十国时期，太原又成为好几个北方割据小朝廷的都城。宋太宗赵光义攻克晋阳灭掉北汉以后，再次将太原城焚毁，又引汾水、晋水将太原城淹没。公元 982 年，宋太宗下令在汾河东岸的唐明村重建晋阳城，主持重建的官员不仅继续将晋阳城的街巷设计成丁字路，以镇压这里的王气，还征发兵民数万人，把城西北传说是晋阳"龙角"的系舟山彻底铲平，希望以此断绝晋阳城的"龙脉"。金代诗人元好问作过一首《过晋阳故城书事》诗，其中有"南人鬼巫好禨祥，万夫畚锸开连岗。官街十字改丁字，钉破并州渠亦亡"这样的句子，讲述的就是这段历史故事。

其实，太原城所在的地方是一处"山川险固，风俗尚武"的战略要地，历来都是兵家必争之地，丁字路的街道设计主要目的在于加强城市防御，使它变成一座易守难攻的城池。从宋代的太原城市平面图，到晚清时期的太原城市街巷全图，都可以明显看到这种丁字形的道路设计。东西南北四面有八道城门，八条进门的大街没有一条平直穿城而过，城内的坛庙、殿宇、民居、市场等公私建筑群，往往会迎着街道建成，对通行起着阻碍作用。

方形的平面布局

李允鉌《华夏意匠》指出，"中国原始房屋的平面是圆形的，也有人曾经这样提出：最原始的古代城市的平面形状也是圆的。理由就是根据甲骨文上一系列表示城市形状的符号都是圆的。例如'邑'字，它的原意是县城，甲骨文上的字形就是上面一个代表城墙的圆圈，再加上一个人跪在下面。另外一个是'郭'字，意即外城，字形是一个圆圈，上下有两座门楼。这种单纯从字形上而做出的推论并没有很大的说服力，比较确切地说明还是陕西西安半坡仰韶文化遗址所表达出来的'聚落布局'。这个聚落布局的总平面形状就是圆的，表示出原始时代一度采取过圆形作为居住区总体布局形式。"

应该说，中华原始初民的原始建筑平面意识中，尚无成熟意义上的哲学、美学与科学上的圆形意识或方形意识。由于当时生产力与人们的智力十分低下，建房造屋只要能起来不倒塌可以居住就行，究竟要求具有什么样的平面，在原始初民心目中尚不是很清晰、很急迫的事情，所以，半坡居民的这种"大体上呈一个不规则的圆形"，可以说是在建造实践中自然形成的，仅仅因为这样的建造技术条件不是很高，就被自然地采用了，它反映了中华原始初民关于建筑平面布局意识处于原始朦胧阶段，可以将这种情况视作中华初民自觉追求建筑圆形或方形等的前期文化现象。平面的圆形或方形的空间观念的真正形成，是"半坡"以后的事。当然，在中国建筑史上，具有方形平面的都城比比皆是，它们"规矩整齐"，追求的是严格对称的平面布局，如唐代的长安城，而有的要求并不严格，但在规划、建造一座古代城市时绝不放弃求其方形的任何努力。有人说，追求方形平面的文化观念是先秦儒家思想的体现，然而我们不能以偏概全。先秦儒家思想尤其是伦理观念的确要求建筑平面呈方形对称格局，但并不能将中国建筑与城市的方形平面均归之于先秦儒学。在先秦儒学登上历史舞台之前几个世纪，以方形平面为特征的中国建筑与城市已屹立于中国大地，而方形平面往往是人类建筑、聚落与城市的一种比较普遍的文化现象。

这种方形平面的采用，首先是由建筑材料与技术条件所决定的。由于木

聚落遗址

材的自然长势是趋于直线形的，并且由于梁柱的承重，也要求它是直线形的，以陶土为原材料的砖瓦，在当时也以直线方形的造型在技术上较易把握，这决定并促使中国的原始城市平面趋于方形。同时，正如《华夏意匠》一书引《郑州商代城址试掘简报》所云，中国古代"城市规划之所以取法于'方正'，实在和古代城市所必需构筑城墙有关，从几何图形来说，除了圆形以外，其他几何图形或者不规则的图案都会增加周边的长度，换句话说就要多筑城墙。因此，方形或者矩形的城市平面，在建城的工程技术观点来看是经济的。"

中国城市方形平面的顽强追求，不仅取决于材料性能、功能要求、技术条件与经济实惠，而且自先秦儒家之伦理观念登上历史舞台，有愈演愈烈之势。无论汉代长安、北魏洛阳、东晋及南朝之建康、北宋东京，还是元大都、明清北京的平面布局，都是力求方形规制。有的城市布局不那么严格，那是地形所限不得如此。方形平面是中国城市所追求的理想模式，是中国"天圆地方"中的"地方"观念以及以封建王权为至尊的伦理等级文化的体现与象征。

荆州城墙

位于湖北荆州市荆州区，曾名为"江陵城"，"千里江陵一日还"说的就是荆州城。现存明清重建城墙东西长 3.75 公里，南北宽 1.2 公里，面积 4.5 平方公里，城墙周长 10.28 公里，高 9 米。城墙现有八座城门，两座门楼。荆州古城分为三层，外面是水城，中间是砖城，里面是土城。水城（护城河）全长 10500 米，宽 30 米，水深 4 米，西通太湖，东连长湖，与古运河相连。明代时期建城时为防止城基下陷，洪水泛城，右城脚条石缝中浇灌糯米浆，因而城墙特别坚固。荆州城墙设有瓮城、敌楼、战屋、炮台、藏兵洞、复城门，防御体系完备，历来易守难攻，有"铁打荆州"之说。

第二节
古城体系布局

道路布局

城市道路是伴随着城市的形成和交通的需要而产生的，因而城市道路系统的特点与当时城市建设的制度和思想密切相关，同时也和当时的交通工具与交通需求有关。我国古代最早对此有描述的是战国时期成书的《周礼·考

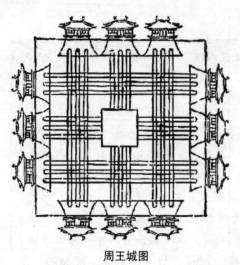

周王城图

工记》，据书中记载，"匠人营国，方九里，旁三门，国中九经九纬，经涂九轨，环涂七轨，野涂五轨，左祖右社，面朝后市"市朝一夫。《三礼图》一书还根据文献想象，绘出了周王城图。其中，"轨"作为表示道路的等级和宽度的基本单位（每轨约2.1米），以轨为单位说明当时城市道路上的主要交通工具就是马（牛）车。城市中道路的宽度因交通量的大小而不同，市内主要干道最宽，环城道路较窄，城郊道路更窄。书中还记载，"环涂以为诸侯经涂，野涂以为都经涂"，说明按城市的等级不同，道路的宽度也不同。

在我国古代的城市建设中，自西周以来，以"周王城图"为蓝本，其后的历代建城与规划，或多或少都会遵循上述基本原则。西汉长安因迁就秦旧离宫建筑，因而形成不规则的平面，道路显得零乱，但主要街道仍以丁字或十字相交，街道都是直线，采取正东、正北的方向，通向城门。城中有8条主要街道，其中贯穿南北的大街长达5千米，宽约50米。此大街中间20米是皇帝专用的驰道，两侧有沟，沟外两侧又各有宽13米的街道。

隋唐长安城及洛阳城，道路系统规划更明显地突出了道路系统的功能，道路两边是封闭的坊里，有坊墙坊门，只有三品以上的官吏的府第可以直接面向城市道路开门，路非常宽，在古代城市中达到了顶峰，中轴线的主干道朱雀大街宽度达150多米，后开辟的大明宫前的丹凤门大街宽达180米，其他的干道也达100米、120米，最窄的也有60米，道路主要是供行驶车马，商市则集中在规模很大的东市和西市。洛阳城的道路系统与长安城类似，宽度则要小些。

宋东京（开封）城的道路性质，与唐长安城有很大的不同，道路除了交通功能外，两旁还分布着各种店铺，形成繁华的商业街，并成为城市生活的中心，道路的宽度也大为缩小，一般只有30～50米。这种趋势到宋以后的城市愈加明显，有的城市的道路宽度只有10米左右或更窄。

唐长安城的道路有全市性的主要交通干道，一般划分坊里的城市街道，在坊内另有道路。这两种道路系统的性质与宽度有明显的不同，坊内道路只有 10 余米宽，还有一些车辆不能通行的小路叫"曲"。

宋东京城（开封）的道路有主要交通干道，多为通向城门的道路，有的虽不是主要交通干道，却是繁华的商业街，也有的在主要交通干道的某一段形成了商业街。街是商业店铺集中所在，巷是联结各住户院落的入口。

元大都及明清北京城的道路也有明显的分工，有的通向城门的主要干道，宽度较大，这些道路的交叉口（如东四、西四、东单、西单等）或其他段落也集中着一些店铺。另有一些商业较集中的街，如王府井大街、大栅栏，宽度较小，有一些巷和胡同，是住宅区的内部道路。一般小城市的道路可分为街与巷，街是全城的交通干道，也是商业街，巷是居住区内部道路。

古代城市的城门是严格管理的城市出入口，因而也是城市对外交通的起点，城市主要干道与市际道路是合一的，而城门则成为城市内外交通的联结点，这里往往形成了交流的集市，有车马店、栈房等。宋以后在出城干道的附近往往形成关厢地区，有的关厢地区形成商业中心，后来又加筑了关城，另开了城门。

城市道路系统的形式及道路的分级与城市的性质规模有关，也直接与城

老北京巷道——胡同

门的数目有关，都城每边开三个门（北面通常只开两个门），如唐长安、元大都、明北京等。各有三条东西向及南北向的主要干道。州府城市一般每边开两个门，干道系统形成井字形，如宣化、安阳等。一般的县城，每边只开一个城门，道路系统成十字形（或丁字形）。都城及州府的道路可分为干道、街、巷三级，县城的道路则分为街和巷两级。

古代平原地区城市道路大部为方格形，有的完全方正规则，垂直相交，类似棋盘格式的道路网。也有的城市的道路网基本为方格，但有部分道路并不规则。在地形较复杂的山丘地区，道路走向就只能随地形起伏而弯曲。

周王城的主要道路九轨宽，为三条并列的道路。汉长安城宣平门、霸城门内大街均为三条道路并列，中间的路较宽，为皇帝专用的御路。唐长安城中也有帝王专用的由大明宫经兴庆宫通到曲江池的用夹城保护的专用道路。明清北京城从宫殿至天坛的主要中轴线的干道上，也有高出两边道路的御路，皇帝出行时要铺黄沙，这些都反映了要突出帝王的权威和安全保护的作用。

在唐朝，城市道路的宽度由小到大进入全盛时期，不过如此大的宽度除了偶尔举行的皇帝出巡、郊祭等人数庞大的仪仗队通行的需要外，平时几乎都处于闲置状态，很多时候超出了正常的交通需要，所以在后期经常发生侵街筑屋及在街上挖地种菜的情况。比长安城稍晚的洛阳城，也是规划长安的宇文恺所建，布局与规划思想也与长安城大体相同，但是道路宽度比原来缩小很多，这是总结了长安城经验教训的结果。这种从大到小的演变规律，和今天在城市规划中要求道路按功能进行分类分级及步行街的规划理论是一脉相承的。

水道布局

在江南水流丰沛的地方，水道与城市大街小巷相互交错，功能上实现互相补充，成为影响城市交通和布局的重要环境因素。有的城市水道的交通意义与干道不相上下。

苏州位于长江下游的太湖三角洲地区，最早在春秋时期就开始建城了。相传吴王阖闾时期由大将伍子胥主持兴建了都城，称为阖闾城。后来苏州经过历代的建设发展，成为江南名城。唐代时，苏州是江南经济文化的中心城市之一。宋代时，苏州被称为平江府，现存的宋代石雕《平江府城图碑》是我国最早、最详细准确的城市平面图，也是世界最早的石刻城市平面图。这块图碑刻成于南宋绍定二年（1229 年），全面细致地刻绘了当时平江府城的轮廓和街道布局，城墙、衙署、街坊、寺院、桥梁、亭台、楼阁标志清晰。从这幅石刻地图，我们可以看到苏州古城的水道与街巷并列，在保持中国

平江城的河道

古城街道网络特色的同时，水道的影响非常突出，反映了中国古城因地制宜、因水制宜的特点。

平江城的河道是城市布局的主干骨架，道路沿河伸展，居民临水建屋，傍水而居，城门之侧建有水门，城外河流上的船只可以通过水门直接开进城区，城内街道沿河流走向延伸，河道两边用石块筑起的堤岸、码头，整齐坚实，便于交通，利于商旅，也方便城市居民临河居住用水，显示了高超的规划和建设技艺。

作为一座水乡地区的手工业和商业贸易集中的城市，苏州的城门一带历来商业繁盛，成为城市中最具吸引力的区域。唐代诗人张继在《枫桥夜泊》一诗中写道："月落乌啼霜满天，江枫渔火对愁眠。姑苏城外寒山寺，夜半钟声到客船。"这首诗至今还是描绘苏州水上人文景观的著名篇章，广为传诵。明代画家袁尚统有一幅画名叫《晓关舟挤图》，专门描绘了苏州阊门附近在晨雾迷蒙的时候群舟争渡的场面，来自四乡的客商小贩驾着船拥挤在阊门的水门口争相前进，而从里面开出城来的大船也在迎头向上，毫不相让，狭窄的城门一时拥挤不堪，而远处运货来的商船还在源源不断地加入这一热闹的场面中。

🥘 商市分布

剩余产品的交换需要固定的市场，这是城市产生的重要原因。起初商品交换的品种不多，数量不大，在城内某一地点进行定期的交换已可满足要求。

随着生产的发展及社会的分工，商品的种类逐渐繁多，数量增大，由直接交换的方式逐渐转变为通过中间商人及货币进行买卖，就形成了固定的商市，以商为主。商业发展中，封建政府为便于进行征税、管理，在城内设立若干处市，设有管理机构及官员，管平价、征税、治安、度量衡等，汉长安城中有九市，汉魏洛阳城也有几处集中的市，隋唐长安城设有两个很大的严格管理的东市、西市。隋唐洛阳只有三个市，这种情况说明当时城市经济水平并不太高，一般城市居民的生活水平也不高，这种过分集中的市也是不方便的，唐长安后期严格管理的市也逐渐松弛，在坊里也出现了一些店铺。

宋以后，商市的分布突破了严格控制的集中的方式，商店分布在各条街道上，形成繁华的商业街，这也是城市经济发展及人民生活要求提高的必然趋势，城市中也有多处商市，多是街道的某一段；也有某一地点或大型建筑内进行的定期的集市，开封的相国寺就有定期的集市；也有在近城门处，或城门外有定期的集市，是为了补充商业街的不足，为城乡物资交流、农民出售农副产品及行商小贩服务。

集中的市内又按不同的行业分为若干肆，这是商业手工业发达后，分工较细的结果，隋唐长安的市中就有3000肆的记载。宋东京城中，虽然各行业并没有分街道集中，但各条街也因其通往的地区，及在城市中的位置，行业的分布有所侧重，一些定期的市集及庙会中也有按不同商品划分地段的情况，

古代城市的市集

明清一些城市中手工业作坊，及商店按街道集中的情况很普遍，这从历史遗留下来的街道名称中也可看出，如花街、打金街、缸瓦市、猪羊市等。这种情况与封建社会的组织有关，对市民购物也提供了一定的方便。

市起初多是商业交换的作用，隋唐长安的西市中已有商业与手工业作坊结合在一起的情况——前店后作坊。这种情况在以后的商业街中也很普遍，随着城市经济的发展，城市中流动的商旅的增加，商业中心的市或商业街也逐渐成为城市生活的中心所在，除了商业手工业外，还集中着一些为商旅服务的旅店、饭馆、酒楼、茶馆，还有一些游艺、杂耍、剧场等。宋代的瓦子一般也是靠近商业中心的，明清时代的一些大的商市或大的庙宇的商市，也属这种综合性的城市生活中心的性质，如北京的天桥、南京的夫子庙、上海的城隍庙、苏州的玄妙观及北局。

宋以后城市中的市有多种形式，有一年一度的市集或庙会，如明清时代北京的灯市、广州的花市等，也有一月中隔一定日期的集市，名称各地不同，性质和内容一致，北方称集，西南地区称场，广东称墟。小城镇的集市，定期轮流举行，附近的几个城镇，集市日期错开。有些较大的城镇还有按货物种类分开的定期的市集，如羊马市、柴炭市、果集市等，这些商品多来自农村，是城乡物资交流的所在，地点靠近城门或在城外，如是水网地区则靠近河道交叉处或桥梁渡口处。农村中集市的分布较均匀，一般约40～50里一处，农民去赶集，早出晚归，午间是集市最盛时，这些是古代"日中为市"的传统习惯。

商业街形成后，靠近道路交叉口的地段，由于交通方便，人流集中，有利于营业，商业店铺及其他服务设施如饭店、茶楼酒馆也最为集中，形成城市的商业中心，小城市多形成十字街，就在十字路口形成中心，大城市也是在主要道路交叉口处形成闹市，如清代的北京就在东单、西单、东四牌楼、西四牌楼、钟鼓楼、前门外、珠市口等处形成商业中心。

河道较多的水网地区城镇，商市的分布与河道关系很大，有的商业街沿河道分布，河道交叉处及桥头往往形成闹市。

明、清时代一些城市往往在城外发展形成关厢地区，有的还加筑了城墙，这一带也往往是城乡交流的商业繁盛的地区。

中国古代城市中，宗教在城市生活中不像欧洲中世纪那样占统治地位，因而也不像欧洲中世纪城市以教堂及其附近的广场形成城市中心。由于中国建筑是院落式的，如果有庙会商市，也是在建筑群内部的庭院中进行。

商业街道也往往与交通性的道路分开，如北京的主要商业街王府井大街与东西长安街垂直，前门外的主要商业街廊坊头条与前门大街垂直等，当时城市的交通主要是行人、轿子、马车，所以沿街布置密集的商店与交通的矛盾并不突出。

绿化与苑囿

古代都城对城市的绿化都极为重视，历代帝都道路的两侧都植有各色树木。总体而言，北方以榆树、槐树为主，南方则槐、柳并用。唐长安城街道两侧槐树成行，绿树成荫，当时人称之为"槐街"。白居易的诗句"迢迢青槐街，相去八九坊"，就是这一景观的直接描述。皇城和宫城内遍植梧桐和柳树。都城的中轴线中心大街的绿化，更为讲究：路中设御沟引水灌注，沿沟植树。隋东都洛阳中央御道两旁还尽植石榴和鲜花，长达9里，轻风吹拂，花香阵阵，沁人心脾，让人有心旷神怡之感。

除此之外，供帝王将相游玩田猎的苑囿也是都城十分重要的一部分。为了满足统治者田猎游玩的需要，历代都城都在城内城外开辟了大量的沟渠池塘和禁林御苑。

诸侯国在都城建苑囿的风气早在春秋战国时期就已相当兴盛，楚庄王所筑的层台，吴王夫差所修的姑苏台、海灵宫，都规模宏大。秦始皇统一六国后，立即在渭河之南开辟巨大的上林苑，其规模前所未见。苑中造有许多离宫别馆，这些离宫别馆无不是雕梁画栋，巧夺天工。

唐长安城东南的曲江池和芙蓉园，在当时显赫一时，玄宗时又在兴庆坊修建了富丽优美的园林兴庆宫。北京、开封、南京、杭州的城内城外，都有巨大的林苑。杭州西湖系在天然胜景基础上精雕细琢，开封的风光则完全是人工制造的。清代用了长达上百年的时间，花费甚巨，对西郊风景区的修建不遗余力。其中圆明园为我国古典园林建筑中的典范之作，可惜后来被西方侵略者化为废墟，给后人留下无尽感叹。

宫殿和坛庙

宫殿是统治者发号施令的场所，也是日常起居的地方。历代帝王都建造了无数雄伟壮丽的宫殿，但至今仍能见到的宫殿，只有明清时代的建筑，最主要是北京和沈阳两地的故宫。就两地而言，无论规模之大、建筑技术之精和使用时间之长，北京故宫都在沈阳故宫之上。

北京故宫始建于明朝永乐四年（1406 年），永乐十八年基本建成。历经明清两代的 24 个皇帝，至今已有 500 多年。从整体上看，它位于皇城之中，居于北京城的正中，全城的中轴线从宫殿中穿过。宫内的全部建筑也严格对称地布置在中轴线上，主要分为外朝和内廷两个部分。

外朝包括太和殿、中和殿和保和殿三大殿，是宫城中最庞大的建筑物。自天安门进入，越过端门，穿过故宫的正门午门，跨过内金水河，经过太和门，即进入三大殿。第一座殿太和殿，俗称"金銮殿"，是故宫最富丽堂皇的建筑，明清两朝举行大典的地方。每逢新皇帝登基，颁发重要的诏书，元旦、冬至、皇帝生日、发放新进士皇榜，都要在这里举行庆祝仪式。第二座殿中和殿是一座方形的殿堂，是皇帝去太和殿举行大典前，稍事休息或演习礼仪的地方。第三座殿保和殿是年终举行盛大宴会的地方，清雍正以后进士考试的殿试也在这里进行。

内廷在保和殿后面，是皇帝和其家属居住的地方，主要有皇帝的寝宫乾清宫和皇后的寝宫坤宁宫，加上两宫之间的交泰殿，合称为"后三宫"。三座宫殿的两边是东六宫和西六宫，是妃嫔居住的地方，这就是历来所说的"三宫六院"。

古代社会中，人们普遍相信在宇宙间存在着超乎人类之上的神秘力量，自然界的日月、星辰、雷电、风雨和重要的山河都各有其神，支配着庄稼的收成和人间的祸福。同时，他们又崇信祖先，希望得到祖先的庇佑。为了祈求上天和祖宗的庇佑，历代皇帝在都城均建立了很多祭祀自然和祖先的坛庙。不过，坛

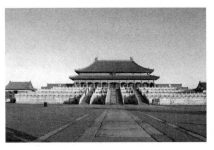

太和殿

和庙并不完全相同。坛主要用于祭祀天地、日月、山川河湖、风雨雷电等各种神祇，如明清北京的天坛、地坛、日坛、月坛、社稷坛，即属于这一类。庙主要用于祭祀祖宗先贤等，如太庙、孔庙、关帝庙等。先农坛比较特殊，它由先农坛、太岁坛、山川坛三个坛组成。它既祭祀农神后稷，又祭祀农时和山川，兼具两者性质。

居住区分布

关于城市中居住区单位的闾里最初仅见于文献及传说，如周代在王城之东修建成周城，其中有闾里，集中居住"殷顽民"（即殷代的不顺从周朝的一些人）。里是居住单位，闾是里的门。在奴隶社会中统治者对奴隶的绝对统治产生了这种严格管理的居住单位，古代埃及城市也有集中居住奴隶的封闭的地段。秦代的城市中也有闾里的记载，汉长安城中有 160 个里，还有里名的记载，闾里内"居室栉比，门巷修直"，由此可见，闾里由一些居住建筑紧密排列在一起，洛阳城中也有里，共 320 个，记载中里的面积为方圆一里。

居住坊里的规划布置最完整的是隋唐长安城，共 108 个坊里，按照规划整齐地划分，有封闭的坊墙，有定时启闭的坊门，并有严格的管理制度。一

牌坊

般居民只能在坊内开门，坊的面积很大，最大的达75公顷，坊内也有道路系统，可通到每一个住户，宽度不大。隋唐洛阳城也有这样的坊，面积较长安小。

宋以后的城市也有坊的记载，但已与隋唐长安城及洛阳城的坊大不相同，并无坊墙、坊门，往往指一定的居住地段，或行政管理的单位，如宋东京有8个厢，下辖120个坊，在街巷入口的牌坊上写有坊名，元大都也有50个坊，这是指道路所划分的方格，也无坊墙、坊门等形式。

严格管制的坊里制，是按照统治阶级便于管制城市人民的要求建造的，与城市人民生活的要求是相违背的，即使在唐长安城，后期坊里的管制也逐渐松弛，一般居民也可在坊墙上开门，唐长安以后的城市中就完全突破了这种坊里制，居住区成为有街巷划分的一些布置住宅的地段。

居住区大都由一些巷或胡同分隔的长条形的地段组成，长条形的地段则由若干个院落式的住宅并联而成，由于院子多为南北向，联结院落的巷道东西向的较多，巷的间距与院落的大小及进深有关。

居住区的组成形式与居住区的细胞——住宅的形式有关，大多数地区的住宅形式是低层的院落式住宅，但因地方的自然条件不同，院落的组合形式也不同，北方的四合院或三合院，院子较大，南方则较小，有的院子为方形，有的则为长方形，有的院内有外廊，有的无外廊，有的是一进院子，有的有两进或两进以上。江南地区的城市由于人口密集，地价昂贵，建筑更为密集，院子（或天井）更小，形成一种庭堂式的住宅，以苏州的庭堂式住宅为典型。

居住区内的道路有街、巷、胡同、弄，这些居住区内部道路宽度不大，巷与街道的相交处，或巷与巷的交会处往往有一些小型的商店等服务设施。

山区城镇或自发发展的城镇，街巷及居住区的划分与布置比较杂乱，城外地区较城内地区杂乱。

城市的住宅建筑质量有很大的差距，统治阶级及富人与劳动人民的住宅有明显的不同，面积大小、建筑质量、所处的地段均有差距，封建社会的等级制在住宅的形制上也有许多规定。

封建都城中，官僚贵族的住宅多接近宫城，隋唐长安城、大明宫及兴庆宫建成后，政治中心移至城东，官僚贵族的府第也向这一带集中，清代北京城，皇帝大部分时间住在西郊的圆明园、颐和园，王府及官僚的住宅也向西城集中，所以有"富东城，贵西城"之说。

居住区中大片的公共绿地很少，但由于住宅庭院中一般均植树，有一定的绿化覆盖面积，所以整个居住区的绿化水平还是很高的。从高处瞭望，城镇中树木掩映。有些富人的宅院还附有小的花园，江南一些城市中与住宅院相连的城市园林规模很大，规划设计的水平很高。

有的住宅与家庭手工业结合在一起，作坊及店铺与住宅建在一起，店铺或作坊的后面就是住宅，这种情况也使居住与工作接近，使城市内人的流动减少。

城与郭或内城与外城居住区的状况也有明显的差距，内城多为统治阶级居住，外城多为一般市民居住，城外的关厢地区，很少有富人的宅院。

水网地区的城镇，居住地段往往沿河成带形发展，居民生活中的饮水、洗衣、淘米、洗菜均在河边，河道成为生活空间的组成部分，住宅往往是前街后河，形成"人家尽枕河"的状况。

城市中由于住房较密集，形成低层高密度的居住形式，加之建筑多为木结构，所以易发生火灾，宋东京城改建中很重视城市的防火，但一般城市中由于建筑密、巷道窄，发生火灾很难扑救，而且也缺乏公共的消防机构和设备，所以有些住宅修建很高的防火墙以自保。

钟鼓楼

贯穿城市的十字大街相交的地点是城市的中心所在，在这里安设钟楼或者鼓楼，居高临下，除了为居民报时外，还兼有瞭望观察的防御功能，也造就了中国古城特有的文化景观。

西安的钟鼓楼广场位居明代西安全城的中心，这里的钟楼是我国目前保留的规模最大、最完整的一座钟楼，历史和艺术价值极高。该钟楼始建于明洪武十七年（1384 年），原址在广济街口，万历十年（1582 年）迁址到东西南北四条大街的交会处。传说之所以迁到这里，是为了用这座钟楼镇压一条在地下作恶的万年鳌鱼，使人们免遭地震的威胁。实际上因为这里

西安的钟鼓楼夜景

是当时城市的中心，在这里敲钟报时，更能够兼顾全城人的生活。我们现在还能看到，通往东西南北四门的四条大街从钟楼基座的券门洞正中辐射而出，可以想见当年钟楼地点的交通枢纽作用。

与西安钟楼东西相望，还有一座鼓楼，也是中国现存最大的鼓楼建筑，该楼始建于明洪武十三年（1380 年），清代重修。楼上原来设有巨型大鼓，每当早晚报时，钟鼓齐鸣，更加突出了这里在全城的中心位置。现在西安的鼓楼上安设了二十四节气鼓，也颇有特色。

绝大多数中国古代城市都有钟楼、鼓楼或者钟鼓楼。钟鼓楼一般都坐落在城市的中心位置，四门、城市主要干道和钟鼓楼连通，划定了城市布局的基本框架，中心区的钟楼、鼓楼、谯楼、更楼、戏楼、牌楼、望楼、古塔、庙宇等，组成了中国古代城市的文化景观，在地方文化和社会生活中具有广泛的影响。在古代留下来的地方志卷首常见的城池图上，很方便就能找到钟楼或者鼓楼的位置和标识，以此为中心就能判断出这座城市的大概布局情况。即使到了今天，在那些具有悠久历史的中国城市里，只要我们找到了钟鼓楼这样的地名，就可以判断出我们可能已经深入到这座城市的中心地带了。

山西省的太谷县城是一座有四个城门的城池，但它的南北城门不相对，道路不直通，钟楼所在的城中心辐射出去的三条大道构成丁字形骨架，衙署、坛庙和全城主要街区的布局清晰可见。

不过，在另一个晋商中心城市——平遥，原本应该修建钟鼓楼的地方却高高耸立着一座市楼，明明白白宣示着这座城市以商业为核心的特殊品质。平遥市楼建于何时已经不可考了，清朝曾有六次重修的记录。这座楼位于南大街北段街心部位，平坦的石板街道贯通城市南北。街道两边，那些经历了数百年岁月的商铺、票号、镖局、宅院等古老建筑，至今依然保存完好。这些历经岁月风雨的字号铺面至今还带着它当年的繁华，接待来自世界各地的客人。这座市楼的东南脚下有一眼古井，传说这口井在阳光照射下，井中"水色如金"，因此毗邻的市楼也被人们称为"金井楼"。人们不必细究它的水色到底是什么颜色，只要走在平遥城坦荡如砥的大街上，就自然会从这一名称中感受到它透露出的商业气息。

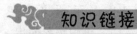
知识链接

兴城城墙

兴城城墙即宁远卫城城墙，位于辽宁兴城。

城墙保存完好，属明代建筑，南北和东西各长800多米，高10米，上宽4.5米，现存西、南两座城门楼。城墙内至今还有许多明清时的铺面和街道，整个城市像一座明代建筑博物馆。

第三节
古城布局欣赏

秦都咸阳：离宫别馆，相望联属

咸阳是享誉海内外的历史文化名城。公元前350年，秦孝公任用商鞅进行变法，在泾渭之交营建宫城，并迁都于此。之后，历经秦惠文王、秦武王、秦昭襄王、秦孝文王、秦庄襄王五代，及至公元前221年秦始皇统一六国，建立中国历史上第一个中央集权制的封建帝国，定咸阳为国都。直至西汉初年，咸阳作为战国秦和秦王朝的都城长达一个半世纪之久。咸阳作为中国第一帝都的地位是当之无愧的。

在经历了夏商周时期后，都城的发展礼制既定。及至秦汉时期，国家统一，国力兴盛，都城和建筑的规模等级也都有了很大的提高，遂出现了中国建筑艺术史上的第一个高潮。与隋唐后期的雄浑壮丽相比，秦汉时期的建筑艺术风格更接近豪放朴拙。

咸阳都城遗址

咸阳作为秦朝的国都而被载入史册。咸阳（今陕西咸阳），位于渭河之北、九嵕山之南，因水北山南皆为阳，"咸"在古文言文中为"都（是）"之意，故名咸阳。2000多年前咸阳曾是世界上最为华丽雄壮的一座都城，其声名在历史上人所共知。咸阳昔日规模之大，宫室殿阁之雄伟壮丽，是同时期各国城市无可比拟的。

秦统一六国后，秦始皇大力推行政治、经济、文化的改革，统一货币、度量衡、文字这些措施，对巩固统一的封建国家起了积极作用；另外，秦始皇集中全国人力、物力与六国技术成就，在咸阳修筑都城、宫殿、陵墓。一提到阿房宫、骊山陵的名字，不由让人对当年那段历史浮想联翩。

咸阳的城区在一百多年间，随着秦的国势日强也不断增扩，至秦始皇时咸阳城更是得到了大规模扩建。据记载，秦始皇每灭一个国家，就在咸阳附近按各国宫殿图样建造一处宫殿（即六国宫）。统一六国后，为防止叛乱，又将各国富户集中在咸阳。原有城市容纳不下，就在渭水南岸新建了以规模宏大、穷奢极侈而闻名天下的阿房宫。

阿房宫的遗址距离西安市西郊约15公里。考古发现，阿房宫夯土台基东西长1270米，南北宽426米，面积是54.1万平方米，相当于明清北京的紫禁城。由于夯土台基的西部和东部被现代村庄覆盖，故西墙和东墙的详细情况尚不清楚。

据史料记载：公元前212年，秦朝修筑并开通了直道，又征集隐官刑徒（即犯官罪犯）70余万人，分别修建秦始皇陵和阿房宫。两年之后，秦始皇突然病逝，为修建陵墓的需要，将阿房宫建设工地上的劳力征调到骊山园，第二年才继续建阿房宫。但公元前209年的冬天，数十万起义军揭竿而起，阿房宫建设被迫停止。总的算来，除去因建秦始皇陵暂停的七个月，阿房宫

骊山陵

共施工了两年七个月。

唐代诗人杜牧的《阿房宫赋》中写道："覆压三百余里，隔离天日。骊山北构而西折，直走咸阳。二川溶溶，流入宫墙。五步一楼，十步一阁；廊腰缦回，檐牙高啄；各抱地势，钩心斗角。盘盘焉，囷囷焉，蜂房水涡，矗不知其几千万落。"诗人用浓墨重彩的语言，为人们勾勒出一座豪华奢侈、壮丽雄伟的宫殿形象。

《史记》中"烧秦宫室，火三月不灭"的记载，又进一步增加了人们对宫室规模的想象。但是，历史上不断有人指出过阿房宫并没有建成，当时仅仅完成了地基的建设而已，项羽焚烧的应是咸阳宫而不是阿房宫，《阿房宫赋》的描述是图纸上的而不是实际建成的。

根据近年来的考古勘探和发掘资料，人们越来越接近历史真实的答案：阿房宫只是秦始皇的一个梦想，刚刚动土，便永久停工，甚至连阿房宫的前殿也只完成了夯土台基的建筑。

阿房宫未建的事实无碍秦代宫殿的辉煌艺术成就。如果没有战乱，阿房宫建成后极有可能是与长城、秦始皇陵并肩的世界建筑奇迹。清代画家袁耀还曾根据众多史料描述绘制过《阿房宫图》。从各种史书记载和现代考古事实，我们可以得出一个结论：虽然阿房宫只是存在于规划图纸和文字描述中，但它的宫殿之多、建筑面积之广、规模之宏大，令人得以一窥秦朝高超的建筑艺术水准。

"离宫别馆，弥山跨谷，辇道相属。木衣绨绣，土被朱紫，宫人不移，乐不改悬，穷年忘归，犹不能遍。"（《三辅旧事》）咸阳的城市布局很有独创性，它摒弃了传统的城郭制度，只是以宫自为垣，并没有建造过包括整个城区的城墙。许多离宫建造在渭水南北范围广阔的地区，反映了秦始皇穷奢极欲的状况。秦人用驰道、复道等多级道路系统将咸阳方圆 200 里内大批宫馆连成一个有机整体，摹拟天体星象，环卫在咸阳城外围，烘托出咸阳宫的高贵和尊严。秦宫各自为城，依山川险阻为环卫，使咸阳更增添了辽阔无垠的雄伟气概。

可惜，是非成败转头空，秦始皇暴卒后其子继位，天下诸侯竞起，烽烟遍地。项羽入关，昔日辉煌的咸阳在一场大火中化为灰烬。元代文学家元遗山回顾此情此景，在感叹之余写下诗句："昨日东周今日秦，咸阳烟火洛阳尘；百年蚁穴蜂衙里，笑煞昆仑顶上人。"

从城市规划学的角度来分析，秦都咸阳的城市布局主要有以下特点：

在城市选址上，咸阳"依北陵营殿"，自然条件优越，地理环境得天独厚，既有天然险阻作为屏障，也有丰富物产为根本，说明了秦人尊重自然、顺应自然的"形胜"思想。

在城市布局方面，秦咸阳的最大特点是以"象天法地"为指导思想，即以自然山水象征城池，以自然星座象征都城宫殿。城市布局思想里弥漫着浓郁的神学气息，也体现了当时人们对于神秘天宇的探索与关注。如当时认为北极星是恒定不动的，称其为"帝星"，象征皇权，它的宫殿被称作"紫垣"，也称"紫微垣""紫微宫"。古人将天象与地上的人事相关联，故帝王之

咸阳宫复原建筑

宫亦称作"紫宫",这是后来帝王住所以"紫"而称的滥觞。"渭水贯都,以象天汉;横桥南渡,以法牵牛。"天象中紫垣前横亘着银河,银河对面是营室星,紫垣被称作"紫宫",营室星则被称为"离宫"。咸阳城以渭水象征银河,河上架桥和复道,直抵人间离宫"阿房",河上横桥连接南北隐喻着"鹊桥相会"。咸阳都城中的处处规划象征都与天象相合,不仅反映了人们对于"天人合一"的追求,也显现了秦始皇在统一大业后,建立都城时那种"天下唯我独尊"的志得意满和激昂气魄。

咸阳与以往的都城相比,在城市规划上还有一个突破性的发展,即形成了"首都圈"概念。咸阳以渭河咸阳段以北的宫殿群为中心,布置有冀阙宫殿、咸阳宫、六国宫室等宫殿群;向外近郊有兰池宫、望夷宫、雍门宫等宫殿建筑;再向外为远郊,建有离宫别馆及行宫、斋宫等建筑。这些宫殿与庙宇、陵墓及平民建筑一起,一层一层逐渐向外围扩展,中心是宫殿密集区,外围是疏散建筑区,形成了大圈套小圈的同心圆,有学者形象地称其为"首都圈"。这种城市布局被认为是我国古代大都市最早圈层结构的雏形。

咸阳还开创了人工堆山的建城记录。秦人十分注重对自然山水的利用,在渭水之南置上林苑,修建了范围最大、风景最美、内藏最多的皇家园林。古咸阳交通空前发达,都城内除了设各种干道支线外,还有专供帝王车马行驶的御道系统:其中"阁道"是全封闭的人行通道,"复道"相当于今天的高架路,"甬道"则是为皇帝专用的隐蔽性通道,而通向渭河以南的横桥桥面宽六丈,相当于今天城市的四车道。对外交通以咸阳为中心,辐射全国各地,"东穷燕齐,南尽吴楚",连接江湖河海。直道堑山填谷,直抵九原、上君;驰道直达函谷,为全封闭多车道的高速道路;其他诸道直通北地、陇西,南下汉中、蜀、黔,通往河东地区。同时,渭河航运可东入黄河,北溯汾水,成为通向关东的陆路辅助线。

咸阳的特色不仅在于宫室壮观,城池险峻,更胜在依山傍水,原野壮阔,气势磅礴。唐代诗人骆宾王在名作《上吏部侍郎帝京篇》中概括这种气派为:"五纬连影集星躔,八水分流横地轴。秦塞重关一百二,汉家离宫三十六。"骆宾王此文本是描写长安生活的,从中亦可窥见咸阳城壮阔景象的一斑。秦末,项羽西入咸阳,火焚秦宫,三月不灭。"楚人一炬,可怜焦土",可叹壮丽都城化为灰烬,从此咸阳丧失了它的历史地位。

汉长安：八街九陌，三宫九府

汉定天下，围绕建都洛阳还是建都长安的问题曾经过一番激烈的争论，最后刘邦听取了张良的意见，才决定定都长安。汉长安位于渭水之南（北距渭水南岸约2公里，今西安市西北约8公里），龙首原高地之北，与秦咸阳毗连，并利用秦一处离宫（兴乐宫）建设起来的。所以司马迁说："长安故咸阳也。"秦咸阳既毁，长安附近又"被山带河"、"沃野千里"和"有四塞之固"，如果东面的割据势力反叛，可以利用渭水顺流东下去征服他们。长安附近的这一地理形势，诚如张良所说："夫关中左殽函，右陇蜀，沃野千里，南有巴蜀之饶，北有胡苑之利，阻三面而守，独以一面东制诸侯。诸侯安定，河渭漕挽天下，西给京师；诸侯有变，顺流而下，足以委输，此所谓金城千里，天府之国也。"（《史记·留侯世家》）这就是被刘邦和以后隋、唐等朝代选作都城的主要原因。

汉长安城是逐步建设起来的，大体可分三个阶段。汉高祖时，先将秦代的离宫兴乐宫改建为长乐宫，后在长乐宫的西面建未央宫，又在长乐、未央两宫之间建武库。汉惠帝时筑长安城墙，并建东市和西市。汉武帝时，在长乐宫的北面建明光宫，在未央宫的北面建桂宫、北宫，并在西面城外建一规模宏大的建章宫，至此，都城规模大备。长乐宫又称东宫，是汉初皇帝视朝的地方，惠帝以后改为太后所居。据勘探，宫的周围筑有围墙，全长约1万米，全宫面积约6平方公里，宫内建有前殿、临华殿、长信宫、长秋殿等建筑。未央宫又称西宫，常为皇帝朝会之处，四周也筑有围墙，全宫面积约5平方公里，宫内也建有前殿、宣室殿等殿台楼阁。长乐、未央宫均位于全城南部，龙首原高地上，这样既便于控制全城，还可观察渭北动静。据《史记·高祖本纪》载，当时萧何把未央宫建造得异常富丽堂皇，刘邦东征回来，见太过分了，还狠狠责备了萧何一番。汉长安城垣始筑于惠帝元年（公元前194年），惠帝五年（公元前190年）完成。据《三辅黄图》记载，城墙高三丈五尺，下宽一丈五尺，上宽九尺，周围共开12座城门，城周长25.1公里，面积36平方公里。平面形状呈一不甚规则的正方形。除东墙为端直外，其他南、北、西三面均有曲折，尤其西北角，向内收缩较多。这是由于宫殿建在先，城墙筑在后和受渭河影响所致。

古巷人家

汉武帝建的建章宫，是武帝太初元年（公元前 104 年）所兴建的离宫。这也是一组庞大的宫殿群，殿宇台阁林立，大小宫殿达 26 座，有"千门万户"之称。宫中还建有太液池、唐中池等水体设施。

汉长安城除上述主要建筑和设施外，据《三辅黄图校证》载，还有"八街九陌，三宫九府，三庙十二门，九市十六桥"。九市都分布在城西北部，靠近横门和雍门一带。三市在道东（横门大街东），称东市；六市在道西，称西市。经探测，在这一带地面上散布很多钱币和陶俑，说明除商肆外，手工业作坊也分布在这里。

从以上所述我们不难看出，汉长安作为我国封建社会早期大一统帝国新建的第一个都城，其规划布局已同战国时都城有着十分显著的区别：首先，它改变了战国时都城两城相依的旧章，也与秦咸阳松散状的布局有很大不同，而将宫殿、衙署、市场、居民区置于同一大城之内。其次，从长安城总的形制和布局来看，它或多或少有些附会《周礼·考工记》的规制。主要体现在：城的平面形状虽不甚规整，但基本近于正方形；12 个城门平均分布在四面，每面各 3 个城门；长乐宫和未央宫等主要宫殿位于城的南部，东市和西市位于城的北部，这也与"面朝后市"相符。最后，长安城在规划建设上还有一个十分明显的特点——城市的大部分空间被宫殿所占用。仅长乐、未央两宫就占了全城面积的 1/3，加上桂宫、北宫和明光宫，几乎占据全城总面积的一半以上。由于长安城宫殿占据大部分用地，且集中在城的中南部，在这种情况之下，广大平民和部分官吏就只能居住在城的东北部靠近宣平门的地区，以及城外靠近城门的地区和各宫殿之间。居住区共有 160 个闾里。

据《汉书·地理志》记载，西汉末年，长安的官方户籍有 8.08 万户，人口 24.62 万人，加上王公、贵族、奴仆，全城人口应在 40 万人左右。

隋唐洛阳：洛水穿宫处处流

隋唐时期有两大重要城市，一个是都城大兴（长安），另一个是陪都洛阳。

洛阳在隋唐两代都作为陪都，它与汉魏时期的洛阳并不在同一个地方，在汉魏洛阳向西十余公里处，隋朝时也称东都。它的设计者同样也是宇文恺，规划手法与大兴城几乎完全相同，只是规模较小，面积约为大兴城的一半。

"前直伊阙，后据邙山"指的是洛阳的选址。伊阙是洛阳向前（南向）十余公里处形如双阙的两座山峰，伊水在两山间蜿蜒而过，这里的地形被称作"龙门"，著名的龙门石窟正在此地；邙山在洛阳之后（北面），虽不高却十分舒展，洛阳就在这种背山面水、前有两山为阙的地形中。中国古代风水学中十分看好此类地理环境，几乎是历代名城选址的必要条件。

洛阳与大兴最大的不同点，在于洛阳不如大兴那么对称。它的宫城、皇城位置不在城市的中央位置，而是选择在郭城西北地势高亢的地方。为了达到安全的目的，宫城的北墙外还用两道城墙加以巩固，在防御方面甚至超过了大兴城。洛阳外郭城的城墙全部用夯土筑成。整个城址南宽北窄，形状近似于方形，但南北两城墙偏向东北，东城墙偏向西北，西城墙洛水以南部分向外凸出，是按照洛水的地形进行修建的。据考古测量，东城墙长约 7312 米，南城墙长约 7290 米，西城墙长约 6776 米，北城墙长约 6138 米，除此之外，石板砌成的下水道在东西墙下也有所发现。

ZHONG GUO GU DAI CHENG QIANG

唐洛阳城国家遗址

洛阳城共有 8 个城门，城西面由于水系众多没有城门，东面开 3 个门，北面开 2 个门，南面开 3 个门。南面城门等级最高，宽度都是 3 车道，分别是长厦门、定鼎门（隋称建国门）、厚载门（隋称白虎门）。定鼎门是城市的正门，向北延伸与宫城正门成一条纵轴线。定鼎门内分成 3 条车道，中间车道宽 8 米，两侧分别宽 7 米，是城内最宽的主干道，又称天门街。

洛阳与其他城市相比还有一个特殊之处：它有纵向（南北）主轴线，却无横向（东西）主轴线。本来应是横向主轴线的位置却被洛水代替了，洛水在中央位置横贯城市的东西。当年的洛阳水系发达，河道在城区内纵横交错，不啻于江南水乡。现今已在考古勘察中探明：洛阳城内洛河以南南北向街道有 12 条，东西向街道有 6 条；洛河以北南北向街道有 4 条，东西向街道有 3 条；街道两旁有水沟遗迹。

洛阳里坊普遍比长安小，但结构相同：坊平面呈正方形或近方形，长宽在 500～580 米之间；周围设坊墙，坊墙正中开门；坊正中设十字街。据《唐六典》及《旧唐书》记载，洛阳东都城内共 103 个里坊，其中洛南区 55 坊、洛北区 9 坊；未探明的数量一部分为今天的洛阳新城压占，还有一部分被洛水冲刷消湮了。文献还记载洛阳城中有 3 个集市区，分别是东市（隋朝称之为丰都市，唐时更名为南市）、北市和西市。北市在洛水以北，东、西 2 市在洛水以南。3 市中以东市面积最大，市内有纵横街道各 3 条，四面各开 3 个门。由于洛水的缘故，遗迹也早已荡然无存。

虽然洛阳城的中轴线不在城市中央，城市仍显得十分规整，城内街道纵横相交，宽窄相配，形成棋盘式布局，显得十分紧凑；洛阳城的西部是大片的水系，范围很大的皇家苑囿便在此因水而建；严格的里坊规制，强化了对城内居民的控制；城内 3 市的位置都傍临河渠，船只来往运输便捷，比大兴城更多地考虑了工商业的繁荣。这座城市的规划设计，不仅影响了该历史时期及后来新建和改建的城市，也为邻近一些国家的都城所仿效。

北宋开封：屋宇交连，衢街狭隘

宋朝建国后，以汴梁（开封）为都城，汴梁地处平原，四面无山塞可守，黄河虽可作屏障，但河行地上，一旦溃决，就有淹没的危险。宋太祖也认识

开封古城全貌复原图

到汴梁的这些弱点，很想把都城西迁洛阳或长安，但未能如愿。主要还是西迁之后几十万禁卫军和大批政府官吏的食粮无法解决，而汴梁位于大运河与黄河交汇点，靠近东南富庶之区；同时长安、洛阳经五代十国战乱，都已残破。加上自唐代以来，汴梁商业已很繁盛，城市人口迅速增加；五代时除了后唐外，梁、晋、汉、周四代都以此为都城，已经发展成"屋宇交连，衢街狭隘"的商业城市。为此，后周柴荣不得不对汴梁城加以改建扩建，疏通了一些必要的干道和顺着已经发展起来的城关建造外罗城，至此，城市已经具有相当基础。故北宋立国后，继续选择开封作为都城。

开封城由宫城、里城、外城三重城组成。

宫城位于内城中部，又称皇城、紫禁城，即大内。周围5里，城外有护城河。宫城原是唐代宣武节度使署所在，后梁时改建成宫城，名建昌宫，后晋称大宁宫。后周曾经修缮，宋太祖建隆三年（962年），"广皂城东北隅，命有司画洛阳宫殿，按图修之，皇居始壮丽矣"。因宫城位居城市中心，故四面开有城门，东、西、北三面各开1门，南面开3个城门，南正门为乾元门（又称宣德门、宣德楼），是北宋帝王重大政治活动的主要场所，建筑威严壮丽，"列五门，门皆金钉朱漆，壁皆砖石间，镌镂龙凤飞云状"。乾元门是城市中轴线的起点。宫城内仍按"前朝后寝"之制布局。乾元门内正殿曰大庆殿，在大庆殿的西北是文德殿，文德殿东北是紫宸殿，紫宸殿西北为垂拱殿，以及集英殿等，均是"前朝"殿廷。前朝以北是后宫，即内廷，是皇帝、后妃生活起居之所。

徽宗政和三年（1113年）春，在宫城北拱宸门外，修建比宫城略小的新宫，名延福宫，号称延福五位（区）。据《宋史·地理志》载，延福宫东西长度同大内，南北稍短。东到景龙门，西到天波门。这时，宫城加上延福宫，周长达9里18步。其后，又跨旧城修了延福六位。城外浚濠，水深三尺，又建两桥，东为景龙，西为天波，两桥之下垒石为固，引舟相通，名曰景龙江。后又继续开辟，东至封丘门，夹岸植奇花珍木，殿宇比比对峙。

里城又称内城、旧城，周长20里155步，即唐代汴州城，为唐宣武军节度使李勉所筑。五代、北宋多次加以修葺，其形状为不规则的长方形，南北略长于东西。四面共设10门，各城门皆建有瓮城，城外也有护城河。里城是开封城精华之所在。除分布着中央行政衙署和开封府的衙署外，再就是商店、酒楼、寺观及贵族和平民的住宅。开封城里的商业街主要分布在里城内。

外城又称新城、罗城，原为周世宗柴荣扩建开封城时所筑，周长 48 里 233 步。北宋时，又多次增修，使周长达到 50 里 165 步。城高 4 丈，每百步均设有马面、战棚、团敌，密置女墙，比过去的城垣更加宏伟、坚实。城外环濠，称护龙河，阔 10 余丈，深 1.5 丈。

外城共开 13 个城门，南、东、西三面各开 3 门，北面开 4 门。其中南正门名南薰门，正对宫城南正门乾元门，为全城中轴线。城门命名多半与通往地区有关，含有交通地理意义，很有科学性，反映出与当时附近州、县、镇密切的交通联系。

开封城 3 道城墙，3 道护城河，坚固的城墙及完善的作战设施，反映出对京城防御的重视，也是对京城地处平原的缺陷所采取的重要弥补措施。

南宋临安：屋宇高森，巷陌壅塞

临安即杭州。自南宋定都（称行在）后改称临安。从字面上即可看出，具有临时的苟且偷安之意。

和以前的唐、宋都城相比乃至和其后的元明清都城相比，临安在城市规划布局方面具有自己的特点。其区别主要有以下三点：

（1）城市形状一改过去的方形或长方形，而是建成南北长、东西窄的不规则的宽带形，状若腰鼓，俗称"腰鼓城"。

（2）城内只建有宫城和大城，而无皇城和内城，与北宋开封城具有 3 道城墙、3 道护城河截然不同。

（3）宫城布局位置也不同，不是位于城北正中或是城市中心，而是偏于城市南端，外形也不规整等。

形成上述差异的原因是多方面的。其中地形条件、历史基础、时局战乱以及苟且偷安等都是其主要因素。

临安地处我国南方，位居山川环错之地。东临钱塘江，西就明圣湖（今西湖），北近宝石山，南为凤凰山，城内还有吴山（今城隍山）。地形与以前地处北方平原地区的都城显著不同，特别是左临钱塘，右接西湖，使城市东西用地受到限制，故城市只能向南北发展，终成腰鼓状。

杭州是一座历史悠久的城市，秦汉时已设县治（钱塘县）。隋代开始修筑城池，周长 36 里 90 步。此后江南运河开辟，城市繁衍之渐。五代时，杭州成为吴越国都城。因吴越王钱镠采取"保境安民"的政策，大力兴修水利，发展农业、手工业、商业，同时在隋代城垣的基础上大规模地扩建罗城，周长达70里许（吴越制），称西府城。经过吴越国70年的经营，吴越国经济迅速发展，杭州也因此而一跃成为江南最大的城市。北宋时期，杭州为州治所在，经济和城市又有进一步的发展，宋神宗熙宁十年（1077年），杭州的商税达17.38万贯，仅次于开封列全国第二位。杭州西湖在唐代的白居易、吴越钱氏治理的基础上，又经北宋苏轼的疏浚，景色更加秀美。南宋定都后，临安都城即是在这一历史基础上发展起来的。

南宋时临安城市建设，主要是绍兴二十八年（1158年）增筑内城及东南部之外城，以及增辟道路、增设街市等。外城向东南部扩大了一些。内城亦称皇城、宫城、大内，在吴越时称为牙城或子城，位于杭州城南部凤凰山东侧。众所周知，南宋王朝是在金人追赶、高宗南逃中，因金人骑兵不习舟船，无法下海追袭，才于杭州仓促安顿下来的。故在宫城选址上只能采取权宜之计，利用原有的、基础较好的吴越时子城作为宫城。杭州改名为临安也包含此意。经过增建后的宫城，周长9里，四周筑有城墙，外形不规整，四面各

古城墙

开一门：南丽正，北和宁，东西各名东西华门。宫内宫殿较北宋开封宫殿数量少，规模也小，但更为精巧秀丽，穷极奢华。主要宫殿为大庆殿和垂拱殿。另有延和、勤政等10殿。基本按"前朝后寝"之制布局。高宗引退后即居住在北部寝宫中。宫城之北是衙署以及达官显贵的住宅。白宫城北门和宁门北出，有一条一直通向城北的御街，又称"天街"（今中山路），均用石板铺成，是城市中一条最主要的大街。

和北宋开封城一样，南宋临安城工商业很发达。主要有三个商业区，都位于纵贯全城的御街上。南部商业区，靠近宫城和官僚的居住区，店铺多出售高档消费品和时令鲜活产品，还有豪华的酒楼。御街中段的商业区，是唐代以来即已形成的老的商业中心，也是全城最大的商业中心，货物齐全，诸行百市，样样俱全。据《梦粱录》载，有名可考的商店，即达120余家。御街北段的商业区，和城南商业区一样，也是后兴起的，是临安主要的娱乐场所，它的附近，有最大的民间游乐场所——北瓦子。举行科举考试的贡院也设在此区。每逢科举考试时，赶考人数达10万人。因此，这里多各种服务行业，如酒楼、茶坊、书铺和旅店，全城三分之二的书铺集中于此。

除以上三大商业中心外，临安大街小巷也都布满商店，"自大街及诸坊巷，大小铺席连门俱是，即无虚空之屋"。商店营业时间也很长，"杭州大街，买卖昼夜不绝，夜至三四鼓，游人始稀；五鼓钟鸣，卖早市者又开店矣。"

由于杭州是大运河终点，城市居民的消费品多从大运河而来。大运河在北门外，因此，较大的仓库也都靠近北门。

南宋定都临安后，北方的官僚、地主、商人、僧尼以及劳动人民大量流入杭州，因而杭州人口激增。南宋中期宁宗（1194～1224年）初，"都城居民以户计者十一万二千有奇。"以每户4口计，城内11万余户，人口约40万人。若再加上皇室、军队、僧尼及城外四厢人口（四厢人口约10万人），估计全城人口达70～80万之多，乃是当时世界上最大城市之一。

由于城市人口增多，而原有城市范围太小，因此，临安如同开封一样，城市建成区突破城郭的限制，在城外形成新的居民区和商业区，为此宋政府将城外的居民又编为城南左、城北右、城西、城东四厢。同时，随着商业及水陆交通的发展，在临安城周围还形成不少市镇，如南场、安溪、西溪、临平、范浦、江涨桥、赤岸等。

临安濒临西湖，清波涟漪，群山拥翠，湖光山色，交相辉映，自然环境十分优美。因而整天沉湎于"山外青山""西湖歌舞"中的南宋皇室、官僚、贵族、富商、地主纷纷在西湖沿岸修建皇家及私家园林，使城市建成区进一步向外延伸。

元代大都：舳舻蔽水，盛景空前

元大都始建于公元 1267 年，元世祖决定将政治中心南移，选址于此建城，1272 年基本建成，命名为"大都"。

元大都的布局尽可能地遵守了《周礼·考工记》的规定：三重城垣、前朝后市、左祖右社、九经九纬的街道，标准的纵街横巷制的街网布局，成为自宋朝以前都城规划发展的一个总结。由于元大都是在荒野上平地起建的，城市规划不受旧格局约束，故建成后规模宏大：平面呈长方形，东西长 6700 米，南北长 7600 米，面积约 51 平方公里。城墙为夯土筑造，共有城门 11 座，除了北城墙开两个城门外，其余三面城墙每面均开 3 个城门；南城墙的位置在如今东西长安街稍南，东西城墙即明清北京内城东西墙，北城墙在如今北四环路一带。

元代的皇城以太液池为中心分为三个部分：大内、隆福宫和兴圣宫，这三个部分在总平面上呈"品"字形排列。

大内是正式的宫城，是朝廷所在地，建在太液池以东全城的中轴线上。宫城呈长方形，东西约 740 米，南北约 947 米，四角各有一个角楼。大内中心为正殿大明殿，是整个宫殿中规制最大的一座，装修也最华丽，在此举行重大节庆和大型朝会，殿内设皇帝与皇后的宝座（元代制度规定，帝、后并坐临朝）。大明殿的东西分别建有文思殿、紫檀殿，后有宝云殿，宝云殿两旁分设钟楼、鼓楼。

大明殿后为宝云殿，再往后是大内的后宫区。后宫区从延春门开始，结构与前朝相似。延春阁为后宫的正殿，阁后有柱廊，柱廊后为 7 间寝殿，寝殿与长庑相通，寝宫当时俗称为拿头殿。后宫的东西两庑，还有供嫔妃居住的 172 间宫室。

隆福宫和兴圣宫两个宫区在太液池西部，隆福宫位南，兴圣宫居北。隆福宫是太后居所，兴圣宫为太子居所。兴圣宫内有奎章阁，平日常有文士往来其间，并选文翰才俊在奎章阁中任学士兼经筵讲官。

宫城由又高又厚的城墙包围，四向开门。南向开3门，正中的崇天门为正门，下开5个门洞，自中南海引出的水渠从崇天门前流过。宫城的北门叫厚载门，厚载门建有高阁，四周建旋梯，称为飞桥。元代宫城前的广场设计在宋的基础上继续发展，在艺术成就上又有了很大提高。

宋代的宫前广场只有一个，在宫城正门之外。元代此空间向前方皇城正门延伸，原来的"丁"字形广场移到了皇城正门丽正门之外，成为空间序列上的第一个广场。此广场与宋宫前广场形制相似，亦由千步廊引向皇城正门——气势壮阔的双阙前的广场，节奏徐缓悠长。进入皇城正门后开始第二个空间，映入眼帘的是宫城正门前的广场，气魄威严，很好地烘托出皇权的尊严。这个空间序列的形式被明清北京继承，进一步得到完善并更为完美。

元大都的城市主中轴线为南北向，起点是城南端的丽正门，向北穿越皇城正中的崇天门及大明门、大明殿、延春门、延春阁、清宁宫、厚载门，尽头是位于大都城中心的大天寿万宁寺中心阁，与如今明清北京城的中轴线相

元大都遗址公园

同。皇城位于城南部中央，为扁长方形。皇城中部有南北纵贯的太液池（今北海和中海）御苑区，西部是兴盛宫、隆福宫、太子宫组成的宫殿群，东部为宫城，与今天的故宫面积大部分是重合的，只是略微偏北一些。宫中前朝大明殿（今故宫后三殿）及后朝延春阁（今景山的下面），采用宋元时通行的"工"字形台基。

南北向主干大街东西两侧，等距离地平行排列着许多东西向胡同。大街宽约25米，胡同宽约6~7米。今天北京东西长安街以北的街道，因同在元大都和明北平（今北京）城内，所以改动不大，至今仍多保留元大都时期的格局。从朝阳门（元齐化门）至东直门（元崇仁门）间排列的22条东西向胡同，就是当时的旧迹。元大都城街道的布局，奠定了今日北京城市的基本格局。

元大都城建有一个中心台，顾名思义就是城市东西南北的中心。这在中国古代城市规划史上是一个首创，但中心台也不是城市绝对的中心，它到南北城墙的距离相等，距东城墙比距西城墙要近些。中心台占地面积约一亩，旁边建有中心阁；在中心台正南有一个石碑，上刻"中心之台"四字；中心阁在中心台之东，正位于大都城的中轴线上。中心阁西有一个齐政楼，即元大都城的鼓楼，在城市中轴线的西侧，位于今北京的旧鼓楼大街上。鼓楼上置有壶漏、鼓角等计时和报时工具；钟楼上建有三重飞檐的阁楼，内置大钟，声响洪亮，全城清晰可闻。

元大都的居民区全部为开放形式的街巷，按照方位划分为50坊（亦有资料称只有49坊）。坊皆以街道为界线，虽有坊门，但无坊墙，坊门只不过是标志而已。元大都在规划中还注意促进商业的发展，并有发达的给排水系统和完善的军事防御、对内监督设施。元大都城有3个大的市场，即海子北岸至鼓楼一带市场、今西四丁字街一带市场和枢密院角头（今王府井大街至美术馆）市场。

丰富的水景是元大都的一大特色。元大都有两个供水系统：一是由高粱河、海子（范围稍大于今太平湖和什刹前、后海）、通惠河构成的漕运水系；一是由金水河、太液池构成的宫苑用水系统。通惠河沿东皇城根南下出城，向东过通州后与南北大运河相接，来自江浙的大船可沿着河道，一直驶入都城。元大都虽为北方城市，可是城中绿水环绕、荷叶亭亭的美景，丝毫不逊于南方水乡，令人心驰神往。

明清广州：六脉通海，青山入城

广州有两千余年的城市历史，从古至今均是南方政治、经济、军事、文化的中心和对外通商的重要口岸。

广州地处中国大陆南部、珠江三角洲北端，位于东江、西江、北江的汇合处，濒临南海，背依白云山，气候温暖湿润，物产丰富，完全具备城市的选址要求。因其背山负海，与中原陆上交通不便，先民便从海路寻求发展，故早具外贸雏形，开辟了中国的海上"丝绸之路"。

秦始皇派任嚣率兵统一了岭南，并设立南海郡，广州当时称"番禺"。任嚣任南海郡尉，建筑了番禺城，俗称"任嚣城"。番禺城是一座小城，在今广州仓边路旧仓巷一带。汉初，赵伦接管南海郡，吞并附近的地区后，建立了南越国，自立为南越武王，以番禺为其都城。

其实"番禺"这个名字，战国时已出现，《水经注》和《山海经》中均有相关记载。汉初的史料中亦多处提到"番禺"，指的即是今天广州番禺一带。番禺是当时岭南最为重要的聚落，已成为地区性的政治、经济中心，亦是广东境内最早见于古史的地名。

唐朝依山川形势将全国的行政区域划分为 10 个道，主要有关内、河南、河东、河北等，岭南亦为其中 1 个道。唐代的行政区划基本上分成三级制：道—府（州）—县，唐后期演变为：道—节度使—府（州）—县。由于"道"在唐后期已形同虚设，实际上还是三级制（节度使—府/州—县）。广州既是唐岭南道辖区内的都督府所在地，又是节度使的驻地。由于唐代积极推行对外开放的贸易政策，使全国特别是广州的对外贸易进入了第一个空前繁荣的时期。其时广州不仅是中国对外贸易第一大港口，而且还是世界东方的大港和国际城市，以"广府"之名闻名中外。

三国至唐末五代时期，广州城曾向南扩大，因临近江边，常为洪水所淹，南海王刘隐凿禺山，取土垫高，拓展城垣，名为新南城。

宋代和梁代是广州城迅速发展的时期。宋初的广州只是唐代留下的子城，公元 1045 年，广州对子城进行了一次加建，因修了东、西二城，原子城便被称作做中城。广州子城的面积宋代大于唐代，因为宋代时把凿平的番、禺二山的地域圈入了城中。宋代广州子城北面不开门，其余三面各开 1 门，南向为镇安门（镇南门），东向为行春门，西面为朝天门（有年门）。子城布局大致分为三部分：北部是官衙等行政部门所在地；南部为商业区；沿江边还有一个大型的商业区，包括河边码头区。宋代广州子城内的官衙较多，建筑形式延续唐代的瓦屋，古朴雅致，市容整齐。子城东南有大型的学府，亦是由官衙改成，可以容纳150人。

宋代广州除了子城外，还有东、西二城，东、西二城在一定程度上充当了罗城的角色。东城是在古越城的遗址上兴建的，规模不大。东城地势较高，居民人数不多，故修建起来比西城要容易得多，时间上也早于西城。

东城的北城墙与子城的北城墙相连，东城南城墙与子城的内护城河在一条直线的位置上。东城开3个门，东门名震东，南门名迎薰，北门名拱辰，西门因城墙与子城相接，故与西城共用行春门。东城以番禺县官衙为中心，街道的形式与子城类似。

西城兴建的理由是这片是繁盛的商业区，为防流寇扰乱。西城的南北城墙均超出了子城的范围，城墙周长约13里，开7个城门。西城的布局中包括了南濠（南濠古称西澳，开凿于宋朝景德年间，濠在城楼下，类似护城河，

古城门

可以通航）。南濠附近是商业中心区，当年的南濠据史料记载建有闸门，以限潮风，可见水域是相当宽的。西城的街道形式与子城和东城均不同，子城和东城以丁字形的街道为主，西城则因为商业原因道路十分发达。房屋形式也以瓦屋为主。程师孟赋诗《共乐楼》称："千门日照珍珠市，万瓦烟生碧玉城"，可见当时的繁华。

明代的广州发展更加迅速，宋代时在子城外兴建的东、西二城已不够用，明代对广州城先后共进行了三次改扩建：第一次是将原来的子城和东、西二城合而为一，称老城，周长约 10 公里；第二次是将城市扩展到北郊；第三次则是在城市南面筑立新城，这三次扩建中以北面的范围最大。明代的广州街道与现在的已较为接近了，都较狭窄。南城又称"新城"，沿江建立，有专门的码头区。新城的街道与内城不同，以东西向长街为主，类似现代的商业街，南北向的街道则狭窄密集。

清初严厉执行海禁，对外贸易一度萎缩。清顺治四年（1647 年）为加强城防，在明广州城南边城墙的东、西两端，分别增建一道城墙直抵珠江边，各长约 12 丈，因形似雁翅或鸡翼，故名雁翅城或鸡翼城。后经康熙、雍正和乾隆年间采取恢复与发展的政策，农业、手工业的生产水平大为提高，广州对外贸易重新活跃，再度繁荣尤胜往日。城区外也有发展，如西关地区成为纺织工场集中之地，也是富人聚居之地。清末的广州形成了独特的"六脉皆通海，青山半入城"的城市空间结构与"三塔三关"的大空间格局。

清代承德：通气清凉，避暑胜地

承德位于河北省东北部，西南距北京 230 公里，是首都东北方的门户。原名热河，因热河（今武烈河）沿途汇积有温泉，寒冬不冻得名。

承德因清代康、乾皇帝在此兴建著名的避暑山庄和"外八庙"而著称于世，城市也由此兴起。

元代这里为蒙古族的牧马场地。清朝由于发迹东北，承德地理位置变得重要起来，深得统治者重视。清世祖福临不断到北方巡视。康熙二十年（1681 年）清王朝在南方平定"三藩之乱"后，便把注意力转向北方。在古北口外设置围场，以训练满、蒙八旗军。自康熙四十一年（1702 年）

开始，先后沿北京至承德、承德至围场的途中修建了 8 处行宫，到了乾隆中期时口外共有 14 处行宫。其中热河行宫即是其中最大、最重要的一处。

热河行宫始建于康熙四十二年（1703 年），四十七年基本完成。此处原是个几十户人家的小村落，有两个居民点，即热河上营和热河下营。热河行宫即位于热河上营北面。康熙在这座行营建成后不久，亲题了"避暑山庄"的匾额，故热河行宫又称避暑山庄。从康熙四十七年避暑山庄基本建成起，热河行宫就成为康熙和乾隆历年在这一带巡行的中心。康熙在《芝径云堤》诗中写道："万几少暇出丹阙，乐水乐山好难歇。避暑漠北土脉肥，访问村老寻石碣。众云蒙古牧马场，并乏人家无枯骨。草木茂，绝蚊蝎，泉水佳，人少疾……自然天成地就势，不待人力假虚设。"意即热河上营北面蒙古牧马场这块地方，既没有人家居住，也没有坟茔墓地。草木茂盛，又没有蚊蝎一类的虫害，而且还有泉水，水质好，人喝了很少得病。一切天造地就，自然成趣。于是决定在此兴建避暑山庄。

承德避暑山庄

避暑山庄规模宏大。自康熙四十七年（1708 年）基本建成，以后不断修建，直到乾隆五十五年（1790 年）才最后竣工。园内建有宫殿、庭院、寺庙及管理等建筑物达 120 处。山庄内没有飞檐斗拱、雕梁画栋的建筑，而是以朴素淡雅的山村野趣为格调，取自然山水的本色，吸取江南塞北的风光，形成规模宏大的皇家园林。占地面积达 564 公顷，是北京颐和园面积的两倍；周围绕以虎皮石墙，随地势而起伏，长达 10 公里。上加女墙，如紫禁之制。有丽正门（南面正门）、德汇门、碧峰门等大小 10 个门。

园内布局分宫殿区和苑景区两大部分。宫殿区在山庄的南部，布局严谨有序。苑景区又分为东南部湖区、中部平原区和西北部山峦三个景区。整个布局是左湖右山。其内还有许多楼、台、殿、阁、亭、寺、观、庵等建筑。布局灵巧，形式多样。不但是清朝皇帝和后妃们及一些王公大臣的避暑胜地，也是当时中国的第二个政治中心。清政府在此进行了一系列政治活动，如接受当时我国漠南、漠北、青海、新疆、西藏、四川等地少数民族上层人物的朝觐，接待邻国朝鲜、安南（今越南）、老挝、缅甸等国的使节以至国王等，客观上起了巩固国内统一和防御外来侵略的作用。

外八庙布列在避暑山庄的东面和北面的山坡台地上，层层环列如众星拱月，是康、乾两朝利用避暑山庄进行政治活动的产物。建于康熙十二年（1673 年）至乾隆四十九年（1784 年）。原有 11 座寺庙，因其中 8 座寺庙有朝廷派驻的喇嘛，由理藩院发放银饷，且在京师（今北京）之外，故称"外八庙"。现尚存 7 座：溥仁寺、普乐寺、安远庙、普宁寺、须弥福寿之庙、普陀宗乘之庙、殊象寺（另溥善寺已经不存）。外八庙建筑形式在汉族传统的基础上，吸取了藏族建筑的特点，反映了当时各民族文化的交流。外八庙的兴建，顺应了各少数民族上层人物对西藏佛教的信仰，密切了他们同中央政府的联系。

随着避暑山庄和外八庙的兴建，承德在热河上营的基础上也就逐渐发展起来，地方行政机构和八旗驻防机构相继建立，同时清政府明令这里放垦，允许关内农民前来耕作，于是人口激增。乾隆曾写道："热河自皇祖建立山庄以来，迄今六十余年，户口日滋，耕桑益辟，俨然一大都会。"乾隆四十七年（1782 年）时人口已增至 46 万，到道光七年（1827 年）时又增至 78 万余。

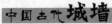
知识链接

平遥城墙

　　平遥城墙建于明洪武三年（1370年），位于山西省平遥县。周长6公里，高8～10米，底宽8～12米，顶宽3～6米，墙身素土夯筑，外壁城砖，白灰包砌。环城辟城门6道，门外筑瓮城。平遥城墙马面多，造型美观，防御设施齐备，为中国历代筑城之仅有，并以筑城手法古拙著称于世。现北、东、南三面城墙及东西隅的魁星楼，经修整而更加完好。

古城墙防御史话

　　一提到中国的古城,那高耸云天、雄伟壮观的城墙和城楼就会浮现在人们的眼前。城墙似乎成了中国古代城市的代名词。马正林先生在《中国城市历史地理》一书中认为:"有无城墙并不是城市的必备标志。但是,由于中国特殊的历史环境,多数城市是由官府设立的政治中心而形成的,城墙就成为中国城市的主要标志。"著名文化地理学者陈正祥先生也认为:"城是中国文化的特殊产物。"下面,我们就围绕"城墙"等历史性建筑物,来谈谈中国古代城市的防御体系。

第一节
古城墙防御体系

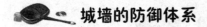
城墙的防御体系

我国古代城市防御体系有广义和狭义之分。其中广义指从国土领域的边防长城到单体的建筑防御系统，狭义指体现城镇本身防御功能的城墙及相关的防御体系。在这里，我们先从古老的"长城"说起。

长城始建于何时？最早兴建长城的目的又是什么？有学者认为，在这类问题上，人们常常会犯常识性错误。我们对长城的误解已经存在了近两千年，从汉代司马迁《史记》起，长城的原本意义就被彻底改写了。老雷先生在《拭去尘埃——找寻真实的长城》一书中，通过对大量史料考证后认为：长城的称谓始自春秋战国时期。最早的长城就是长堤和壕堑，尧舜时代洪水泛滥，鲧、禹治水，鲧作城，禹作壕，筑堤防，修壕堑，治理水患。直至战国时，因为遍及全国的诸侯纷争，这些原本是治理水患的堤防和壕堑，由于其特殊的地形、地势，被发现成为长城修建史上的"拐点"，堤防被赋予了双重功能，即抵御水患和外敌侵略。

秦汉以后，长城才成为纯军事意义上的防御工事。城墙是长城的主体，此外还有城堡、城台、烽燧、障墙、关隘等建筑物组成防御设施，构成了完整的防御体系。我国长城著名的三大关中，山海关如龙头探海，居庸关似龙心护京，嘉峪关则如龙尾逶迤于沙漠之中。始筑于明洪武十五年（1382年）的山海关位于蓟镇之首、渤海之滨，是万里长城东部第一座重要关隘，史称"天下第一关"。7座城堡、10大关隘、数座敌台和一线长城，构成了完整的军事防御体系，城防设施以山海关古城为核心，南北翼城、东西罗城围绕四

古城墙

周，外围烽燧散布，组织严谨。

　　1368 年，明将徐达攻陷元大都后，蒙元势力退出长城，占据长城以北的蒙古高原地区，对明王朝的北方边境形成威胁。因此，明代一直奉行"修葺城池，严为守备"的边防方针，利用秦、隋、北魏、北齐等朝代所构筑的长城，先后 18 次加以大规模修缮和加建。因此，我们今天所能见到的长城大都是明长城。

　　自明初开始，东南沿海就时常受到倭寇的侵扰，在嘉靖年间为患最烈。为防倭寇对沿海的侵扰，在沿海地区修建了海岛、海岸、海口筑城体系。这些筑城体系的共同点是以卫、所的城池为主体，并与堡寨、墩台、烽燧结合构筑而成。它是一种将内地的筑城技术灵活运用于海疆不同地理、地形条件下的海防卫所防御体系。

高筑墙，广积粮，缓称王

　　明清时期的中心城市，一般都是按照封建统治思想进行规划，城墙、宫殿衙署、宗教文化设施强调按照礼制修建，使中国古代城市规划的传统又一次得到总结、继承和发展。随着火药在军事上的普遍使用，各大、中、小城市，普遍改建或加固城垣，或新建一些防御设施。

明太祖朱元璋出身贫贱，在他攻下徽州后，曾屡见当地名流名士，询问策略。其间，有一位名朱升的人提出了"高筑墙，广积粮，缓称王"的谋略，并在以后得到逐步实施。明初创设卫所制度以来，十分重视对北方边境和东南沿海的防卫，加强了东南沿海几十处卫所的修建，建立起完整的军事防卫体系，兴起了大规模的筑城高潮。

总体来说，古代城墙几乎都是用土作为材料修筑的，因此，古代城墙又被称为"土城"。明代为适应当时火炮技术下的防守要求，对以前建设的城墙进行大规模的包砖砌建。我们有理由认为，古代城市军事防御体系经过历朝历代的改进和提高，至明清时期已臻于完善。因而，今天保存下来的旧城垣，如平遥、荆州、西安、南京、寿县、兴城等威名远播的古城墙，大多数是在明初经过改建、扩建或新建完成的。

在明代的边防城市体系中，等级较高的是九边重镇驻地和行都司驻地，下为卫城以及独立的千户所城，最底层的为防御城堡、城寨等，其中九边重

古代长城

镇的城市多数为边境地区的中心，除军事防御职能外，同时还具有较强的政治、经济职能。卫所城市一般以驻屯为主，经济职能相对要弱一些，但也有不少非军籍居民。边防堡、寨为纯粹的军事设施，居民基本以驻军为主，一般不具备经济职能。

随着商品经济的进一步发展，明中期以后，城市的布局形式更为活泼自由。由于城市经济的繁荣和城市人口的增加，城市建筑逐渐变得越来越密集，开始出现了"厢坊制"的布局形式。这些"关厢"地区，开始形成时无城垣，以后因为不断扩大，又加筑了城垣加以防护和便于管理。这些关厢相当普遍，因为是后来所筑，向不规则方向发展。

墙围墙的防御空间

一般认为成书于春秋战国时代的《周礼·考工记》是中国古代城市建设的一个重要典籍，也是按周代礼制思想传下来的一种"制度"，它构成了我国传统社会城市布局的主要思想。《管子·度地篇》说："内之为城，城外为之郭。"《孟子》一书也说："三里之城，七里之郭。"大概在秦以后，历代都城大都以方形规范于天下。

因为我国历史上的城镇等级划分比较严格，所以相应的城镇防御体系的等级特点也有所不同。单从形式上看，城墙是围合城市空间的主要构筑物。从城外往城里看共有四层：

第一层是环绕整个城市外围的高大城墙——外城郭。外城郭最早出现在春秋战国时代，而且作为营造都城的一个规定，在整个封建社会一直得到遵循。

第二层为内城城墙。这种城墙最初以"城复于隍"的方式建造，中国宋代以前的城墙建筑以土筑为其主要形式。战国至宋，只有个别的城是以石头城和砖城形式出现。明初修建北京，开始是墙外侧包砖，至1421年才在内墙砌砖，明朝中期后砖墙开始普及。到清代，县城以上的城墙绝大多数都是砖砌城墙。

第三层是皇城墙。主要是宫城的外围墙。在古代的城市布局中，有些城市中有这种皇城墙，有的没有，一般是在秦汉以后才有这种城墙出现。

第四层是宫城，是帝王居住、听政的场所。在中国历史上，宫城是整个城市的中心。历朝历代的皇帝都把宫殿的建筑视为国家象征的一部分。宫城的城墙往往质量最好、最为雄伟高大。

此外，宋代以前城市的里坊也是用城墙来划分和管理的。古代城市中分成许多"坊"，每个坊都是封闭的。这种坊墙在西汉"闾里"开始出现时就有了雏形，但是真正把城市居民"圈"在坊墙内，还是在东汉以后。坊墙甚至构成了古代中国人的一种生活方式，以至每个家庭的居住院落都用围墙来围合，如北京的四合院就是体现封闭家庭结构的空间形式之一。

城市防御体系的基本构成

中国古代城墙作为至关重要的防御体系，除了作为主体建筑的城墙外，其他如城门、城台、城楼、瓮城、角台、角楼、马面等也是不可或缺的组成部分，有时候，护城河、吊桥等环境设施也是十分必要的。

城门是城市对外交通联系的关口，其建筑规模和数量常依城市的等级、大小、形制、方位、用途等因素来确定。其中，决定城门位置及数量的一个重要因素，是随着社会发展而日益强化的宗法礼制影响。"位居中为尊""数

角楼

列九称贵"等法则,早在周代已为社会所公允。《周礼·考工记》中所描述的王城,是"方九里"的平面形态,王宫居中,并依南北与东西的中轴线,于每面城垣中部对称开辟3门。这种平面制式,被以后各朝各代的帝都沿袭下来。

多数情况下,陆路交通的通道大多是城门。出于一些特殊的历史原因,有些城市就设置可通水运的水门,如宋代平江府城(苏州)就有5个城门和5个水门。

城门外的小城我们一般称为瓮城,是我国城郭建制中的特色之一。城门是城池筑城体系的薄弱部位,因而为了避免城门不致直接暴露在敌人的攻击下,常在城门外侧筑一道方形或半圆形小城,以形成面积不大的防御性附郭,这就是所谓的瓮城。

瓮城的形式多样,有梯形、半圆形和矩形等,其墙垣均较主城垣低且稍薄。而对外交通门道,大多置于侧面,与主城门曲折相通,这对于防守来说十分方便。帝都主要城门及其瓮城门,通常位于同一轴线上,这是为了方便皇室车马通行。建于明代初期的南京聚宝门(今中华门)瓮城,采取了三层重叠的布置方式,并于城墙内辟有屯留兵卒和贮存军需的券洞库房27处,门券上方又有防御火攻的蓄水槽、注水孔及多道可阻敌的闸门。这些都让城门的防卫力量大大加强。

角台、角楼均建于城墙转角处,大多数情况下为方形或圆形,上建角楼,功能与城楼相差无几。

古时所称的"城池",就是城墙与护城河的合称。历代城池的修建都强调深为高垒,重视建重城和采取城墙与护城河(或沟壕)相结合的防御措施。护城河很多时候又被称为城河、城壕。春秋战国时期的奄国都城淹城(今江苏常州武进)为三重城,每重城的周围都建有护城河。护城河一般环绕于城墙外侧,少数也有在城墙内侧再修一道内护河。大城内若建有小城,如帝王都中的宫城、州府郡城中的子城等,其城下也常凿有护城河。

城墙的防洪功能

防御功能是古代城市形成的原因之一。城墙的防御作用,主要体现在防止外敌入侵、保护城镇内的居民和财产安全上。正如《吕氏春秋》上所记载的："鲧筑城以卫君，造郭以居人，此城郭之始也。"有意思的是，长城的兴建是缘于与洪灾的斗争，而中国古代城市的城墙除军事防御功能外，还有另一种重要功能——防止洪涝等自然灾害。

中国建筑史专家吴庆洲先生在《中国古代城市防洪研究》一书中指出：城池是军事防御与防洪工程的统一体。春秋战国以后，人工决水或壅水灌城之事屡见不鲜，使城池普遍成为军事防御和防洪工程的统一体。而城墙足以御洪，进而发展了以水为守的军事防御方法。

位于淮河中游的历史文化名城安徽寿县，就是众多利用城墙防御洪水的古城池之一。

寿县，古称寿春。在它漫长的历史岁月里，以作为战国楚都的时期最为辉煌。据《史记》等典籍记载，楚考烈王十一年（公元前252年）迁都钜阳（今安徽太和县境内）。二十二年（公元前241年），楚、赵、魏、燕、韩联合伐秦，失利。为避秦锋，楚再迁都寿春。寿春城的特殊环境，就是面临淮水，常被洪水包围，极易毁坏。明永乐七年（1409年）、二十二年（1424年），正统元年（1436年），嘉靖三十四年（1555年）、四十五年（1566年）5次大水过后，均进行了大修。因而，现存城墙保留有相当显著的明代城墙建筑的特色。

中国古代城池

寿县古城墙，平面呈方形。城内面积3.65平方千米，城墙周长7147米，城有4门。城墙墙高8.33米，顶宽6.67米。四方皆有护门的瓮城，瓮城的门洞为砖石拱券。除南门呈直线外，东、西、北3瓮城城门与城门间，都不在同一直线上。这样既有利于城门的守卫，更有利于洪水泛滥的时候避防风浪。在整个城墙的墙脚与护城河之间，筑有高3~5米、宽8~10米的石堤，俗称"驳岸"，目的是保护城墙。

城内的防洪排涝规划设计，也相当科学合理。建有洒金塘、皮塘，以及城四角的护城河，皆可蓄积城内雨水。城的东北角和西北角的墙根处，各建有涵洞，以利于内水外排。这两座涵洞，可自动调控、节制城墙内外的水位。这种古老的排灌设施，具有相当高的科学水平。故民间俗称寿州城是"筛子地"，城内雨水再大，也会从"筛眼"漏走。

由于城墙年久失修，又多受洪水冲刷，至 20 世纪 50 年代，城墙损坏严重。从 1991 年下半年起，重新修葺古城墙时，从设计到施工严格按《文物保护法》的规定进行，尽量利用残留古砖石，或仿制老城墙块石规格打凿新条石，又在城墙外壁加固一层石基，揭下老城墙大砖砌体，其间 20 厘米空隙处浇筑混凝土，再用老砖封墙的外面，在防浪堤顶恢复古城墙的雉堞建筑。为加固保护城墙根基的石堤驳岸，向下挖深 1.3 米、宽 1.7 米的土沟，再向沟里填进混凝土。部分无石堤驳岸的，也增建补齐，这样既保护了古城墙原有风貌，又加强了防洪抗浪的能力。

城墙的防护意义

城墙是历史的产物，它真实地记载了历史文化的变迁。在中国传统文化的丰富内涵中，城墙及其所蕴涵的诸多内容，沉积了深厚的文化底蕴，已成为我们中华民族的宝贵财富。

中国古代的城墙文化，也引起了西方学者的关注，如英国学者帕瑞克·纽金斯在《世界建筑艺术史》一书中指出："这种体现官僚政治、隐私和防御的城墙系统，从大宇宙到小天地在不断地重复使用：国家有墙，每个城市有墙，而且有各自的城墙和护城河（城壕）。"并认为："如此层层所围的结果，使中国社会的每个部分都将保持自身的本质，因而形成了各自与外界发生关系的方式。"

高大的城墙建筑，不仅出于居住者的安全意识，而且它的雄伟气势已成为吉祥的象征。故而城墙的高度向来为世人所关注。据清代李光庭记载："幼时闻诸故老，乾隆三十三年（1768 年），许邑侯重修（今天津宝坻），较旧城低三尺，识者以为泄城内之气，故有城头高运气高，城头低运气低之语。"（《乡言解颐》卷二）也许正是这些最浅显、最普通的思想与语言，说明了城墙文化对人们的影响，并进一步认为，古代的城墙文化已成为一种城市文化。

城隍庙

　　其实，古代中国人既非常重视作为防御建筑的城墙的建设，也非常懂得"地之守在城，城之守在兵，兵之守在人，人之守在粟。故地不辟，则城不固。"（《管子·权修》）的道理。古人认为：城门具有极其重要的意义，人们不仅出入于此，而且城市的灵魂也在其中。因而，人们在建造城墙和城门时，要在战场尽量收集阵亡士兵的白骨，并将其嵌入城墙中，完工后，还要将活狗当场宰杀，把热血喷洒在上面，通过这种"洗礼"，期望城市具有生命力和灵魂，能够防御一切外敌的侵略。

　　城隍庙，是中国唯一只在城市中才立的神庙，也是唯一由皇帝颁布命令每座县城以上的城市都必须建造的庙宇。由于在许多社会中，城市是现世（世俗）和他世（神灵）的相聚和沟通之处，城隍庙成了城市的保护神。神圣的宗教活动可以起到整合城市文化的功能，当然也可满足居民精神生活的需求。

　　今天，城市里不再兴建城隍庙，也没有多少人再信仰城隍老爷了。冷兵器时代坚不可摧的城池也失去了它的防御功能，甚至还成了现代交通的障碍，因此被拆毁，所剩无几。可是作为传统文化和集体记忆物质载体的古城池，是不应该这样简单毁灭的。

边界城墙

位于疆域边境的边城，也是使用城墙的一个重要方面。它的产生原因，仍然是出于防御，但产生的时间，则应较城市城墙晚。这就是我们一般习称的长城，大体可分为两类：一类是建于各国之间的、用以防御邻国的侵犯；另一类则是建于北疆，专为对付外来民族（匈奴、东胡等）的侵略。上述两类边城，已知它们最早建于东周的春秋、战国时期。

第二节
守卫城墙的兵防武备

守城与攻城

孟子曾用"争地以战，杀人盈野；争城以战，杀人盈城"这样的话描绘惨烈的攻城战略的场面。墨子也有关于城池攻防的战争描述，在《墨子·公输》里讲述了墨子与公输盘之间的一个斗智故事：

公输盘为楚国制造了攻城专用的云梯，准备用来攻打宋国。墨子一边说服楚王放弃攻打宋国的打算，一边与公输盘进行了一场城市攻防战略的较量。他智慧地设计了利用高墙城堞加强城防的方法，在兵法推演过程中以智慧击

古代防御城墙

败了公输盘。

实际上，中国古代战争从来都是把攻城作为战争的最高阶段进行的。守城的一方可以利用高墙深池，给来犯之敌狠狠的打击；攻城的一方则往往发明利用各种攻城器械，猛烈攻打。如云梯、投石机、地道、灌水、放火成为经常采用的攻城手段。我们从宋代兵书《武经总要》里可以看到云梯和投石机的制作方法，这些东西在冷兵器时代的战斗力相当于当今的装甲战车，是非常有效的攻城机械。

守城和攻城是古代战争中最重要的战争场面，也是古代战争文学的经典题材。历史上凡是功勋卓著的战将，无不是在城池攻守战争中建立起他的军事影响力和地位的。秦末农民战争中的楚霸王项羽就是在著名的巨鹿之战中确立自己的军事影响力的。

公元前 208 年，秦将章邯破项梁军后，又渡河北上，移兵邯郸，攻击以赵歇为王的起义军。赵歇退守巨鹿。秦朝派王离率几十万边防军包围巨鹿，章邯在巨鹿以南筑甬道，以运粮给王离的军队。赵歇兵单粮少，危在旦夕，于是向楚怀王求救，但在强大的秦军面前，十几路前来救赵的军队只是远远地在巨鹿城外安营扎寨，谁也不敢进到城下与秦军交战。危急时刻，项羽亲率楚军破釜沉舟奔袭巨鹿，秦楚交战，杀声震天，项羽军队直捣敌军大营。先前在巨鹿城外的各路援军被楚军的勇猛喊杀所震撼，呆若木鸡地挤在壁垒上观望这场他们从未见过的惨烈混战。

项羽战胜了！他乘胜邀请各路将领来自己营地参加会议，这些先前左右观望不敢出兵的将领们，个个战栗着，跪在地上，爬进项羽大营的辕门，甚至不敢抬头看看这位盖世英雄，口口声声忙不迭地表达对项羽的臣服和敬畏。他们说："将军您的神威，自古

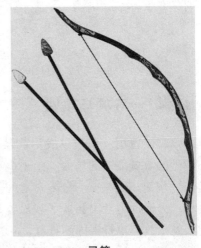

弓箭

以来没有第二个能比的了。我们都甘愿服从将军您的指挥。"就是这场巨鹿之战，项羽彻底打败了秦军主力，一跃成为杰出的军事将领。

守城冷兵器

冷兵器以近战直接杀伤为特点，是从远古发展过来的武器。明清两代守城的冷兵器盛行枪、镗钯、大棒、飞钩、飞挝、弓箭、弩、抛石机，以及个人护卫用的盾牌和盔甲。

1. 枪：枪是近战的主要武器。如明代专用于守城的枪一部分是沿用宋代的枪式，如短刃枪、短锥枪、抓枪、蒺藜枪、拐枪等；这些枪的特点是杆较长，便于刺杀正在爬城的敌人。

明代的枪有长枪、铁钩枪、龙刀枪。

长枪是明军常用武器，杆长一丈二尺左右，以竹或木为杆，枪头长3～7寸，重不超过4两，轻捷灵活，守城、野战都很便利。

铁钩枪的铁刃连钩长1尺，一般与步兵专用的挨牌（盾的一种）配合使用。

龙刀枪有旁刃，集刺、砍、叉三种方式于一体，也是守城的利器。

清代枪的种类繁多，有长枪、火焰枪、钩镰枪、虎牙枪、蛇镰枪、雁翎枪等。但主要配备军队使用的仍是长枪，样式同明代的长枪大同小异。长枪一直到火器时期才被完全淘汰。

2. 镗钯：其是创于明代的多刃兵器，长7尺6寸，重5斤，前有三刃，中锋长出2寸，两旁为四棱刃的"横股"。它兼矛盾两用，距敌远时，可用它的两股做发射火箭的架子，敌近时，是格斗的利器，《武备志》说"镗钯乃军中最利者"。

清代镗钯演变为凤翅镗、五齿镗、月牙钯、通天钯。

3. 大棒：明代的大棒是从古代的芟演变过来的，大棒长7尺，头上装鸭嘴形、长2寸的铁刃，可打可刺；另一种加刀棍，是明代著名的战将戚继光创造的，砍打兼用。

4. 飞钩：飞钩又叫铁痴脚，其形如锚，有四个尖锐爪钩，用铁链系之，再续以绳，待敌人蚁集在城脚时，出其不意，投入敌群中，据说一次可钩取两三人。此物从唐代始创，一直沿用到明朝。

5. 飞挝：其是明代在飞钩的基础上改进的另一种兵器，其状如鹰爪，五指是活动的，作用与飞钩相同，但比它灵活。

6. 弓箭：此器自远古发明后，几千年来，一直是军队主要的兵器之一。明代沿用宋代的弓，有黄桦、黑漆、白桦、麻背，又创出开元弓、小梢弓、西番弓三种。用于战斗的箭镞有透甲箭镞等20余种。

清以骑射得天下，尤重弓箭，因而弓箭种类繁多。弓按官阶分大小，箭按用途分种类。清末火器发达后，弓箭逐渐被鸟枪代替。

7. 弩：其是安有臂的弓，弓臂上设弩机，射程远、穿透力强，很有威力。明代的弩是轻型弩，有踏张弩、蹶张弩、腰开弩、双飞弩等。踏张弩"身长三尺二寸，弦长二尺五寸，箭木羽长数寸，射三百四十余步，入榆木半箭。"双飞弩是装简单木架上，用两头带铁钩的木棍扳张，用脚踏放，箭可射出三四百步远。明末弩渐衰落，清朝军队已不用弩作战斗武器。

8. 抛石机：其是一种抛掷石弹的攻守城垒的武器。抛石机从隋唐起就成为攻守城的大威力的重型武器。朱元璋在统一中国的战争中，曾多次使用抛石机攻城陷地。洪武年间，兵杖局还仿制元代的襄阳砲（"砲"就是"抛"，即抛石的意思），其砲省人力，抛得远，威力极大。

管形火器发达后，抛石机便自然不再使用了。

9. 盾：其是守战中保护自身安全的护卫器，明朝创造了与火器、猛箭并用的盾牌。

虎头火牌，此牌内藏神机箭或猛箭一二十支，敌人临近时，突然发射，使敌人猝不及防。

神行破敌猛火刀牌，用生牛皮制面，内藏燃烧性火药。战斗时，先向敌人喷火，烧灼敌人。《武备志》上说："此牌一面足抵强兵十人。"

清代没有沿用藏暗器的盾牌，只造步兵用的护牌。盾牌到火器发达的时代（清中叶后期）因防护效力差，便被淘汰了。

10. 盔甲：明中叶前，盔甲多为金属制成，虽防护力强，但太笨重。明初的铁甲，连盔共重57斤，加上兵器和其他装备，一个士兵要负重88斤半。这样笨重的披挂，极不利于战斗。

随着植棉业的发达，从1376年（洪武九年）起，开始用棉花做棉花甲。1496年（明孝宗弘治九年）规定，青布铁甲每副重12~17.5千克。

清代的盔甲都是用棉布和铁叶、铜钉合制而成的，分量轻，适合战斗需要。火器时期，盔甲失去了护卫作用便不再制造了。

守城的火器

火药从宋代开始有意识地大量运用于军事，成为一种威力大的新式武器，发展到明代有了长足的进步，特别是火药的燃烧、爆炸、抛射三种性能在军事上的发挥，使火器的威力日益增大，成为攻坚守地的利器。

明清两代专用守城的火器有：火箭、火枪、火球、炸弹、炮、枪。

1. 火箭：其是利用弓弩发射的一种带火药的箭。一般是用纸把火药包装成球状或卷筒形，缚在靠近箭镞的箭杆上，用时先点火，然后射向目标引起燃烧。明代用引信点火。

弓射火石榴箭，是用棉纸两三层包装火药呈石榴状，外加麻布缚紧，用熬化的松脂封牢，再糊纸涂油，引线根向前开。点燃引信射出，所引起的火，用水浇不灭。

2. 火枪：其是用一两个纸筒或竹筒装上火药，缚在长枪头下面，与敌人交锋时，先发射火焰烧灼敌人，再用枪刺杀。明代的梨花枪就是这种火枪，不过它的火药是有毒的，喷到身上中毒即死。

3. 火球：其一般用抛石机抛送。守城时，居高临下或顺风也可用人力抛掷。这种火器兼有燃烧、障碍和杀伤的作用。

明代的西瓜炮就是这种火球。它是用20层坚实的纸制成外壳，再包两层麻布，内装火药，放入小蒺藜一二百枚，再装带有细毛钩的火老鼠五六十只，顶上安4根引信，用时点燃，抛落敌群中，纸壳碎裂，蒺藜、火老鼠遍地散布，杀伤敌人。

万火飞砂神炮，则是用烧酒炒炼石灰末、砒霜、皂角等14种药料，制成砂药，装入瓷罐内。敌人攻城时，点燃引信，将瓷罐投入城下，火药爆炸，瓷片横飞毒杀敌人。

4. 炸弹：明代炸弹种类很多，其中守城用的有一种类似地雷的炸弹叫"威远石炮"，使用时，从城上放到城下距敌较近处，用长绳拉发，很有威力。

5. 炮、枪：在明清都属于管形火器，

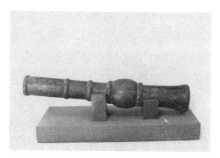

中国古代火炮

仅以形体大小分枪炮。"大利于守，小利于战。"

大型火炮的最大射程可达五六里远。

迅雷炮：此炮装八两重的大铅子时，射程可达五六里远，装三钱重的小铅子时，杀伤距离可达三五十步。

铜发贡：这种炮威力极大，能洞穿墙壁，摧毁建筑物，利于攻坚。

佛郎机：自明正德末年，由白沙巡检何儒从葡萄牙发现并绘制其形制带回国后，用铜制作，经实验射程远（达百余丈），准确性高，便很快成为守卫重要城池、险要关隘的主要重型火器。

小型火枪：1355 年（元至正十五年）焦玉献给朱元璋的火龙枪，此枪"势若飞龙，洞穿层革"。火龙枪在朱元璋改朝换代的战斗中起了很大作用。

七星铳：是装成梅花型的火枪，它枪管多，瞄准灵活，类似近代的多管式机枪。

鸟枪：是明代最发达的火枪，特别是自生火铳，由于改进了发火装置，变点火法为燧后发火，因而此枪的使用不为天气所影响，随时可投入战斗。

清打天下时，攻城陷地无不以火器取胜，清初，虽尤重骑射，但还是以重型火炮为主要武器。后来，一方面因为火器是军备利器，仅藏于八旗军中，秘不外传；另一方面强调"骑射乃满洲之根本"，便日渐疏淡对火器的发展，致使在明代已很发达的火器未获大的发展，作战时，一般仍以鸟枪、抬炮为主要武器。

攀墙云梯

古代的云梯，有的也被称为"云梯车"。之所以称之为车是因为有的云梯种类带有轮子，可推动自如。并配备有防盾、绞车、抓钩等器具，有的带有滑轮升降设备。云梯的发明者一般认为是春秋时期鲁国能工巧匠公输盘（鲁班），其时楚惠王为了达到称雄目的，命令公输盘制造了历史上的第一架云梯。现代云梯是攀援登高工具的一种，主要做消防和抢险等用途。

早在夏商周时期，云梯就已作为一种攀登城墙的工具了。春秋时，鲁班加以改进。战国时云梯由车轮、梯身、钩三部分组成。梯身可以上下仰俯，靠人力扛抬倚架到城墙壁上；梯顶端有钩，用来钩援城缘；梯身下装有车轮，可以移动。唐代的云梯后来对前人的云梯进一步加以改进：云梯底架以木为床，下置 6 轮，梯身以一定角度固定装置于底盘上，并在主梯之外增设了一具可以活动的"副梯"，顶端装有一对辘轳，登城时，云梯可以沿城墙壁自由地上下移动，既省时又省力。同时，由于主梯采用了固定式装置，简化了架梯程序，军队在攻城时，只需将主梯停靠城下，然后再在主梯上架副梯，便可以"枕城而上"，如此一来，便大大减少了敌前架梯的危险和艰难。

古代云梯

除此之外，由于云梯在登城前不过早地与城缘接触，被守军破坏的概率大大缩小。到了宋代，云梯的结构又有了很大改动。据《武经总要》所记，宋代云梯的主梯也分为两段，这时的主梯为折叠式结构，中间以转轴连接。这种形制有点像当时通行的折叠式飞桥。同时，副梯的样式也逐渐增多，使登城接敌行动更加简便迅速。

古代攻城用的梯子种类很多，云梯算是结构较为复杂的一种。三国时，孙权手下大将甘宁，率兵攻打曹操的宛城，攻城的时候，原打算派兵士运土筑土山，竖云梯，架飞桥，接近敌城墙，但大将吕蒙认为此法费时费力，不如趁军队士气正锐，用弓弩石炮强攻，可速战速胜。果然，最后以强攻取胜。由此，也不难看出，云梯在作战中的局限性。

破墙投石机

投石机是上古时代的一种攻城武器，可把巨石投进敌方的城墙和城内，造成破坏。

中国的投石机最早出现于战国时期，用人力在远离投石机的地方一齐牵拉连在横杆上的梢（炮梢，架在木架上，一头用绳索拴住容纳石弹的皮套，另一头系以许多条绳索，方便人力拉拽）将石弹抛出，分单梢和多梢。最多的有 13 梢，最多需 500 人施放。

宋以前投石机主要为人力或畜力发射型，即以大量士兵或者战马同时向一个方向骤然扯动牵拉索，拉起力臂将沉重炮石以抛物线射出。随后，元朝的蒙古军队因世界征战，将投石机发展到极为犀利和恐怖。

蒙古军队在攻城略地中认识到投石机的重要性，并迅速引进技术进行改进，设计了双弩背的复合弓结构，弹力更加强劲。同时，这样的弩机有时用于发射特制的铁箭和燃油筒。

随后，蒙古军队又从中亚引进了配重式投石机，又称回回炮，即由重物取代人力或畜力，士兵先利用绞盘将重物升起，装上炮石后，释放重物，炮石投出，大幅减少操作的人员和空间，可以调整重物控制射程，投掷准确度大为提升，并开始投射药物与燃烧物混合的化学武器、腐烂的人畜尸体等制作的"生物武器"等。

北宋开宝八年（公元975年），宋朝在攻灭南唐时使用了"火炮"。这是一种使用可燃烧弹丸的投石机。北宋政府在建康府（今江苏南京）、江陵府（今湖北江陵）等城市建立了火药制坊，制造了火药箭、火炮等以燃烧性能为主的武器，宋敏求在《东京》记载，京城开封有制造火药的工厂，叫"火药窑子作"。这时的弹丸已可爆炸，声如霹雳，故称之"霹雳炮"。靖康元年（1126年），金人围攻汴京，李纲在守城时曾用霹雳炮击退金兵，"夜发霹雳

回回炮

炮以击贼，军皆惊呼"。

南宋初年，右正议大夫陈规著《守城机要》，其中对投石机（炮）有详细阐述：

攻城用大炮，有重百斤以上者，若用旧制楼橹，无有不被摧毁者。今不用楼子，则大炮已无所施。兼城身与女头皆厚实，城外炮来，力大则自城头上过，但令守御人靠墙坐立，自然不能害人；力小则为墙所隔。更于城里亦用大炮与之相对施放，兼用远炮，可及三百五十步外者，以害用事首领。盖攻城必以驱掳胁从者在前，首领及同恶者在后。城内放炮，在城上人照料偏正远近，自可取的。万一敌炮不攻马面，只攻女头，急于女头墙里栽埋排叉木，亦用大绳实编，如笆相似，向里用斜木柱抢，炮石虽多，亦难击坏。炮既不能害人，天桥、对楼、鹅车、幔道之类，又皆有以备之，则人心安固，城无可破之理。

攻守利器，皆莫如炮。攻者得用炮之术，则城无不拔；守者得用炮之术，则可以制敌。守城之炮，不可安在城上，只于城里量远近安顿；城外不可得见，可以取的。每炮于城立一人，专照斜直远近，令炮手定放。小偏则移定炮人脚，太偏则移动炮架；太远则减拽炮人，太近则添拽炮人。三两炮间，便可中物。更在炮手出入脚步，以大炮施小炮三及三百步外。若欲摧毁攻具，须用大炮；若欲害用事首领及搬运人，须用远炮。炮不厌多备。若用炮得术，城可必固。其于制造炮架精巧处，又在守城人工匠临时增减。

用炮摧毁攻具，须用重百斤以上或五七十斤大炮。若欲放远，须用小炮。只黄泥为团。每个干重五斤，轻重一般，则打物有准，圆则可以放远。又泥团到地便碎，不为敌人复放入城，兼亦易办。虽是泥团，若中人头面胸臆，无不死者；中人手足，无不折跌也。

南宋绍兴三十一年（1161 年），宋军已经将霹雳炮装备在水师舰船上。金海陵王完颜亮撕毁《绍兴和议》伐宋时，虞允文在采石矶反击金军渡江，"舟中忽放一霹雳炮，盖以纸为之，……自空而下……其声如雷，纸裂而石灰散为烟雾，眯其人马之目，人物不相见。……遂大败之"。

后来元朝蒙古兵南侵之时，金军也学会类似的方法抗蒙。金天兴元年（1232 年），赤盏合喜驻守汴京，"其守城之具有火炮名'震天雷'者，铁罐盛药，以火点之，炮起火发，其声如雷，闻百里外，所围半亩之上，火点著甲铁皆透"。南宋军队也同样以之抗蒙。元至元十四年（1277 年），元兵攻静江（今广西桂林），静江外城被攻破，守将"娄铃辖犹以二百五十人守月城不下"。元军围之十余日，"娄乃令所部入拥一火炮燃之，声如雷霆，震城土皆崩，烟气涨天外，兵多惊死者，火熄人视之，灰烬无遗矣"。

蒙古军队则从波斯人那里学来"回回炮""襄阳炮"，即"平衡重锤投石机"，又称"配重式投石机"。用绞盘升起重物，靠重物下坠的势能转化动能把杠杆另一头的炮弹射出。其平衡重锤重量通常在 4~10 吨，以致整个投石机形体庞大。

《元史·阿里海牙传》载："会有西域人亦思马因献新炮法，因以其人来军中。""机发，声震天地，所击无不摧陷，入地七尺"。

到了 14 世纪中期，有的抛机竟能抛射将近 1000 磅重的弹体。威力巨大，近代试验表明，吊杆长 50 英尺，平衡重锤为 10 吨的抛石机能将 200~300 磅的石块抛射约 300 码的距离。可以投掷一个或多个物体，物体可以是巨石或火药武器，甚至是毒药、污秽物、人或动物的尸体，达到心理战的目的，同时也可能是最早的生化武器。

知识链接

大同：古城墙

大同城筑邑历史十分久远，早在作为北魏拓拔氏都城的时候，极具规模的城池就已经修筑完毕。明朝初期，由于是京畿屏藩，军事位置异常重要，因此洪武五年（公元 1372 年）大将军徐达在旧城基础上增筑，形成今天世人所看到的大同镇城。最后完工的大同镇城边长达到 1.8 公里和 1.82 公里，周长 7.4 公里，面积 3.28 平方公里，城墙内芯为三合土夯筑，外包每块重达 17 斤的青砖，城墙高 14 米，垛墙上又砌长 5 米、高 0.8 米、厚 0.5 米的砖垛，垛间距 0.5 米，共 580 对垛子坚固无比。大同镇城设四门：东和阳门、南永泰门、西清远门、北武定门，每个门又各有瓮城。今只有永泰、清远两个名字被两座正好在该位置附近的建筑使用，至于这么多的城门，早已难觅其踪迹了。

第五章

风格各异的古代城墙

　　一座城市有城墙就有了安全感。我国古代城市一般均有城墙,直到现在,还有很多城市完整或部分地保留着古城墙。其中,现存的南京城墙、西安城墙、北京城墙被并称为中国三大古城墙。这些城墙现在都已经融入了现代都市,在城市中散发着浑厚的历史底蕴。其实,古代规模最大的城墙,当属闻名世界的万里长城。

第一节
中国古代著名城墙

 ## 北京城墙

北京古城墙已有几百年的历史。始创于元代，建成于明代，沿用于清代至民国，经历了七个世纪之久，古城墙已不见踪影，被二环路替代蜿曲在老地方。古城墙呈"凸"字形，城墙周长 60 里，墙基宽 24 米，墙高 8 米，全部为版筑的夯土墙。

细心的人会发现，古城墙没有西北角，即二环路没有西北角，西直门和东直门路段有所不同，西直门路段就像方形桌子被砍去了一角。据史书记载，巍巍北京古城墙在元代时是方方正正的，此所谓"城方如印"。到了明代，内城、外城和皇城均有缺角现象。内城没有西北角，破坏了北京城整体的对称性，从整体布局上看，似有缺憾之处。

为什么古城墙没有西北角？这是长久遗留下来的不被普通百姓所熟知的一个谜。历史学家和社会学家从卷帙浩繁的史书中寻找谜底，缘由事理各有所云，但这个缺角之用意则异曲同工。我国著名的地理学家侯仁之教授在 20 世纪 50 年代曾这样解释，当初城墙是按矩形设计的，工程设计师们千方百计地想把矩形图案的对角线交在故宫的金銮殿上，以表示皇帝至高无上的中心地位。但由于自然原因，最终还是偏离了金銮殿。为避免杀身之祸，他们只好去掉一角，这就是西北角。

另有相传，明朝建筑北城墙时，西北角修建为直角，但不知何故，屡建屡塌，前后百年间，不知道修建了多少次。出于无奈，最后建为斜角。

社会学家对这一现象有一番传统观念上的解释，我国古代有一种说法，认为西北方向是个缺口。如西汉刘安写有《地形训》，认为大地八方有八座大山支撑着天体，其中支撑西北方向的山叫不周山。《天文训》讲八方吹来八风，西北方向吹来的风称不周风，东汉班固解释为不周就是不交之意。按这种解释，西北两个方向不应该互相连接，而应缺口。

北京城墙包括以下几种：

紫禁城：紫禁城占地72万平方米，有宫城高墙环绕，城高10米，厚6米多，呈长方形，南北长961米，东西宽753米，周长7.263公里，城外还有宽52米的护城河，又名筒子河。城四边都有高大的城门楼，南面叫午门，北面名神武门，东边称东华门，西边为西华门。

皇城：始建于明永乐年间（1406～1420年），用砖砌成，外涂朱红色，墙顶覆黄琉璃瓦，周长9000多米，高6米，厚2米，顶部厚1.73米，南为大明门（清代改为大清门，民国时叫中华门），这是皇城南大门，东有东安门，西为西安门，北边初名北安门，清代改为地安门。民国时大部拆除，现仅存天安门两旁各一段。皇城东为南池子、北池子、东黄城根，西为南长街、北长街、西黄城根。

内城：明太祖于1370～1419年建造，周长24公里，共有9个城门，老北京说的四九城，就是指东西南北四面城墙和九个城门，20世纪70年代因修建地铁而拆除。

北京城墙

外城：明代时，正阳门外人口增多，为防外族的侵扰，嘉靖三十二年（1553年）给事中朱伯辰上书说，城外人口激增，应添修外城。北京城郊尚遗存有金、元城故址"周可百二十余里"如能"增卑补薄，培缺续断，可事半而功倍"。

西安城墙

西安城墙是明代初年在唐长安城的皇城基础上建筑起来的，由于唐朝末年战乱频繁，遭受了很大的破坏。唐末天佑元年（904年），驻防长安的佑国军节度使韩建，因原来城大不易防守，于是对长安城进行了一次改筑。改筑时放弃了长安的外郭城和宫城，只把皇城加以改修，封闭了皇城的朱雀、安福、延喜三门，北开玄武门，以便防守，但对城垣并未扩大或改修。

以后历经五代的后唐、后晋、后汉、后周到宋、元两代，城的名称和建制虽屡有变换，但城垣规模却无改变。元代时西安称为奉元城，是西北的一个重镇。明洪武二年（1369年）三月，大将军徐达率军从山西渡河入陕，元守将遁

西安城墙

逃，徐达占领奉元城。不久，明朝廷改奉元城为西安府，这就是西安得名的开始。

西安古城墙包括护城河、吊桥、闸楼、箭楼、正楼、角楼、敌楼、女墙、垛口等一系列军事设施，构成严密完整的军事防御体系。游览西安古城墙，对形象具体地了解古代战争、城市建设及建筑艺术都很有意义。西安城墙从隋唐至今已有 1400 年历史。在漫长的历史岁月里，城门发生种种变化。细数这些城门的名称来历，也从一个侧面反映了古城的沉浮丧衰。

下面，从南门开始顺时针方向介绍城门名称的由来：

永宁门：其是西安城门中资格最老、沿用时间最长的一座，建于隋初（582 年）。当年它是皇城南面三座门中偏东的一座，叫安上门。唐末韩建缩建新城时留作南门。明代改名永宁门。它也是现在西安城墙各门中复原得最完整的一座，只是原设计没有箭楼。现在南来北往的车辆行人均从甫门东西两侧另辟券洞内穿过，它本身已成为文物了。

朱雀门：朱雀门是唐长安皇城的正南门，门下是城市中央的朱雀大街。隋唐时，皇帝常在这里举行庆典活动。公元 589 年，隋文帝曾在朱雀门城楼检阅凯旋大军。唐末韩建缩建新城时，这座城门被封闭。1985 年修复西安城墙时，发掘出包裹在明城墙内的朱雀门遗址。它果然如隋唐文人描写的那样宏伟华丽，城门柱础用大理石制成，青石制作的门槛上刻有线条优美神采飞扬的蔓草花纹，磨砖对缝的门洞隔墙厚实端正，残垣断壁处处流露出当年的华贵风采。现在的朱雀门位于遗址西侧，是 1986 年开通的。

勿幕门：勿幕门俗称小南门，开通于 1939 年，以此纪念辛亥革命中陕西的革命先烈井勿幕先生。井勿幕先生是孙中山创建的同盟会最早一批会员之一，陕西民主革命时期有重大影响的革命家，在 1917 年的护法运动中壮烈牺牲。

含光门：含光门是唐长安皇城南面的偏西门。唐末韩建缩建新城时，封闭了它的中门洞和西门洞，保留了东门洞，北宋以后全部封闭。1984 年整修西安城墙时，发掘出含光门遗址，发现花岗石制作的柱础、刻花的门槛门道。现已决定把新建券洞城门置于遗址东侧，对遗址作框架结构保护，外包城砖，使外观与城墙一致，内部设置人工采光和空调系统，日后供游客参观。

安定门：西安的西门本是唐皇城西面中门，唐末韩建缩建新城时被保留下来。明代扩建城墙时位置略向南移，取名安定门。

玉祥门：1926 年，军阀刘镇华包围西安城达 8 个月之久，使西安人民冻饿战死 4 万多人，直到冯玉祥将军率国民联军击败刘镇华后，西安才得以解

古城墙

围。1928 年开通的这座城门，为纪念冯将军由此率部入城的历史功绩，故取名玉祥门。

中山门：1927 年初，在冯玉祥将军倡议下开辟的中山门，以纪念国民革命领袖孙中山先生得名。1927 年 5 月 1 日，冯玉祥将军率军东征，就从中山门出城。中山门并列两个门洞，冯将军分别为它们取名"东征门"和"凯旋门"。出师之日，冯将军在城头向各界欢送群众讲话，说等北伐胜利，再打开凯旋门欢迎他。但后来时局变化，冯将军再未率师回西安。

建国门：1986 年开通的建国门，以直对建国路而得名。

和平门：与西安火车站、大雁塔处于同一南北轴线上的和平门开通于 1953 年。为了表达饱经战乱的中国人民对世界和平的渴望，取名和平门。

文昌门：碑林博物馆南侧的文昌门，开通于 1986 年。这里的城墙上建有魁星楼，是西安城墙上唯一与军事防御无关的设施。魁星又名"奎星""奎宿"，位列二十八星宿之一，古代传说是主宰文运兴衰的神，被人们尊称"文曲星""文昌星"。如果被他的朱笔点中，就能妙笔生花，连中三元，成为状元。所以，古代孔庙、学府里都建有供奉香火的魁星楼。明清时的西安府学和孔庙建在城墙旁边（今碑林博物馆），魁星楼也顺势建在城墙之上。魁星楼在 1986 年修复。游客们在这里可以看到嗜酒如命，不修边幅，蓬头虬髯，步履跟跄，腰挂酒葫芦，一手捧斗，一手执笔，似乎半醒半醉的文昌星尊容。魁星楼下这座新辟的城门，自然也就被命名文昌门了。贞观十九年（645 年）玄奘返回长安，他从古印度带回了 657 部梵文佛经。取经归来的玄奘受到皇城百万臣民的盛大欢迎，唐太宗派宰相房玄龄迎接玄奘。迎接仪式在朱雀门举行。那时建筑宏伟壮观的朱雀门是皇城的正门也就是皇上出入的南门。此后玄奘法师便一心在大慈恩寺翻译经文设坛讲经弘传佛法。史载玄奘翻译经文共用时十九年。

 南京城墙

南京城墙位于南京市。南京原称"应天府"，是明初的都城，以高大坚

实、雄伟壮观的明代城垣建筑闻名于世，是举世公认的第一大城。南京城墙属全国重点文物保护单位。周长96里，实测33.65公里，规模宏大，气势雄伟，不仅是我国现存古代第一座大城，在世界城垣建筑史上也是首屈一指。公元1366年，明太祖朱元璋听取朱升"高筑墙"的建议，始筑都城墙，至1386年竣工，前后达21年之久。建筑规模宏大，城基宽14米，高14～21米，有垛口13616个，窝铺200座，城门13，其中聚宝、三山、通济3门最为壮观。城垣用巨大的条石砌基，用巨砖筑成，十分坚固。现存的21.351公里城墙，虽已历经600多年风雨，仍巍然无恙。近年已陆续修复中华门、台城等段，并建南京城垣博物馆，成为一处独特的人文景观。

城墙一周共设13座城门，东有朝阳门，南有聚宝、通济、正阳3门，西有三山、石城、清凉、定淮、仪凤5门，北有太平、神策、金川、钟阜4门。其中朝阳门、神策门各有一道瓮城，石城门有两道瓮城，聚宝、通济、三山门各有3道瓮城。13座城门中，聚宝、石城、神策、清凉4门保存至今。聚宝门（现称中华门）瓮城规模最大，东西长118.57米，南北长128米。城顶原有木结构敌楼，城门设铁闸和木门，铁闸用绞关上下启动。瓮城两侧有登城马道，主城内侧上下两层及瓮城两侧共有27个藏兵洞。外郭城略呈圆形，周长60公里，多为土筑，现已辟为环城公路。

1982年中国国务院公布南京为历史文化名城后，南京市人民政府当即发布通告，严禁损坏城墙，并把周围环境的保护列入规划控制。至1983年文物普查时实测，现存城垣外形完整的长度计19.802公里，半损坏的长度计1.549公里，总计保存长度21.351公里。已整修了中华门瓮城，修缮了挹江门城楼，1984年成立中华门文物保管所和渡江胜利纪念馆，以保护固有文物，展现历史风貌。

南京明城墙是"人穷其谋、地尽其险、天造地设"，此言不虚。明代南京都城的宫城、皇城、京城和外郭四座城墙组成的格局（注：俗称的"南京城墙""南京明城墙"，则指南京城墙），是其例证之一。宫城，俗称"紫禁城"，为都城核心，偏于南京京城东隅，有御河环绕。元至正二

南京城墙

十六年（1366年）受朱元璋之命，由精通堪舆术的刘基占卜后而定。该地原为"燕雀湖"，地势低洼，经清淤、打桩、挑土填湖、铺垫巨石等项措施，营造成南北长2.5公里，东西宽2公里，平面呈长方形，坐北朝南的宫城。宫城内建筑，分为前朝（三大殿）和内廷（六宫）两部分。在宫城城垣上开筑城门有午门、左掖门、右掖门、东华门、西华门和玄武门。

皇城，是护卫宫城最近的一道城垣，环绕宫城但并非等距而建。皇城与宫城以及所囊括的建筑，合称为"皇宫"。皇宫在形制上，依照《礼记》设五门三殿的旧制，从外向内依次为"洪武门、承天门、瑞门、午门、奉天门"五门；在这五门之后，设"奉天殿、华盖殿、谨身殿"三大正殿。六宫则依照《周礼》旧制，正殿之后设置乾清宫和坤宁宫，相对两宫正门设有"日精门"和"月华门"，以喻帝、后之居犹如天地日月长存。在皇城城垣上开筑城门有洪武门、长安左门、长安右门、东安门、西安门、北安门。

京城，全长33.676公里，建有雉堞（垛口）13616个、窝棚200座，开筑城门13座。其城垣形制独特，为明初朱元璋、刘基等人所独创。它一反《周礼·考工记》"匠人营国，方九里，营三门""左祖右社，面朝后市"等传统形制，放弃了中国古代都城自汉唐以来取方形或长方形的旧制，使京城城墙的形制成为后人所乐道的特例。因此，民间说南京城墙是"宝葫芦"形；有专家称南京城墙是"非方、非圆的不规则的多角不等边的粽子形""呈宫扇形"等。最新研究成果表明：南京城墙可能依照天上南斗星与北斗星的星宿聚合而建。在被人格化的南斗斗勺内，设市为民居，既符合当时的经济条件和民心的向背，又保护了元末明初南京城最繁华的区域，更重要的是道家隐喻在南京城墙建筑语言中的设计思想，满足了朱元璋秉承的封建帝王皇权"至高无上""永为人主"的欲望，体现了设计者的"天人合一"与"皇权神受"思想。

外郭，为弥补和加强南京京城的防卫，朱元璋于洪武二十三年（1390年）下令建造。史载：外郭全长达180里，洪武年间开筑城门16座。城垣本体以丘陵、垒土为主，只在城门等一些防守的薄弱地段加筑城砖，所以俗称"土城头"。就方位而言，外郭的形状为菱形。最北的城门为观音门、最东的城门为麒麟门、最南的城门为夹岗门，西边的外郭城垣未合围，留下的南北豁口分别延伸至长江边。

南京明代的四圈城墙，其营建思想既有创新又有继承，在中国都城建造史上显得标新立异，独具魅力。

知识链接

阆中城墙

四川省阆中市的阆中古城墙，为明代古城墙，位于古城区南城新巷，长100米，高5.3米，厚4米，是完全按照唐代天文风水理论建成的一座城市，被誉为风水古城。阆中古城的主要建筑有古城墙、古城门、古牌楼、古文化街区、古树、古寺庙和其他古遗迹7个方面。阆中市尚存的宋代古城墙只有50米长，城墙顶部和两侧还间或长着草木。阆中古城在战国时即为巴国国都，现保存有完好的唐、宋、元、明、清各历史时期的古民居街院、寺院楼阁等，其历史文化居我国现行五大古城之首。

第二节
古代最大规模的城墙——万里长城

什么是长城

在许多人的论著中，把山险视为长城，认为山险是长城的一种类型。然而，修筑长城工程量浩大，要消耗大量的人力、物力，十分劳民伤财。贾谊《过秦论》即认为秦始皇修长城是其一大过错，司马迁批评蒙恬为秦始皇筑长城，是"固轻百姓力"，都表达了同一思想。后人认为秦始皇长城是用血肉筑成的，不算是夸张。为了节省人力、物力，在长城选择路线时，尽量利用陡山、深堑、湍流、大泽，以减少长城的修筑。这种现象从战国到明代，都可以见到。事实上，自然实体（山、河）虽有防敌的功用，却都不能算作长城，因为长城属于人工建筑。自然实体与人工建筑，有着完全不同的性质，这个大的界线必须划清。

长城是以土、石、砖为墙体的连续性高墙。这是从建筑学的角度，指出长城墙体的建筑特征和结构特征。泥土、石头、烧砖是长城墙体所用的基本材料，在此基础上又出现了土石混筑、植物夹沙、砖石共筑等特殊的墙体，可以算作土、石、砖墙体的变体，应当归入土、石、砖三大类中。

连续性高墙，是长城墙体的又一显著特征，不具备连续性的墙体，是不能称作长城的。长城其实就是绵延不断的长墙。在古代"城"与"墙"字义相同，不过只有连续不断的长墙才能称作长城，这是区分长城与一般的城邑、城堡的关键之所在。同时，墙体的连续和高大，从军事角度来看，正是其防御敌人功能之所在。矮小的墙体，沟堑两侧的矮墙，都不能称作长城。

长城是边境御敌工事。边境御敌是指出长城空间分布的特征，它只修筑在边境地区。将长城修筑在边境地区，就可以御敌于"国门之外"，防止敌人进入领土之内，保护境内居民安全和生活。这是修筑长城的基本目的。

齐长城

需要注意的是，这里说的是国境，而不是国界。有些人常常把国境误作国界，这是不对的。在国界上是不能够修筑军防工程的。在国界上修长城，是对邻国的军事挑衅行为，会引起邻国或邻族的干预破坏，邻国或邻族是不会答应的。国界是国与国或族与族之间的分界线，属于隔离带，也可以称作缓冲带，任何一方都不可以占用，不可以进入，如果任何一方没有征得对方的同意擅自进入占用，便会引起冲突和战争。今举一例，在战国时期，匈奴与东胡为邻族，匈奴在西，东胡在东，"中有弃地，莫居，千余里，各居其边为瓯脱"。然而东胡自恃其强大，进入瓯脱之地，结果引起匈奴冒顿单于的不满，发兵攻打东胡王，最后以东胡失败告终。

实际上战国的齐长城、楚长城、魏长城、中山长城，都是在本国境内修筑的，长城自然不会是什么国界。燕北长城、赵武灵王长城、秦昭王长城是为了防御游牧民族而建，当时与这些游牧民族之间没有划定国界线，然而却有实际控制线，燕北、赵武、秦昭长城是在实际控制线以内修筑的，这些长城也都不是国界线。因此，将长城说成是国界是不科学的，会引起许多负面的影响，不要将长城线说成是国界线。

长城属于军事工程，这本来是很明白的道理，还有必要写入长城定义吗？问题并非如此简单，有人就不赞成长城是军事工程，撰书称长城属于"标识"性建筑物，"不应该是充满战争或争斗气息的建筑"，"标识性长城的功能是挡君子不挡小人，与现代社会中许多特定领地的围墙功能相似"。看了上述的引文，便会明白有人把长城看成是划分地域范围的标识（即标志）性建筑，与城市中居民小区的围墙、建筑工地的围墙相差不多。具有这种看法的，可能不止这位作者，而且其书在社会上产生了一定的影响。由此看来，强调长城的军事性质，把这一点写入长城定义之中，还是完全必要的。

长城属于古迹，是古代建筑物，对于一般人而言是常识性的问题。可是出人意料的说法也会存在，有人提出清朝末年还在修长城。这可能使许多人感到意外。

按照中国历史分期，是以清道光二十年（1840 年）作为中国古代史和近代史的分界线。1840 年发生了鸦片战争，此后中国逐渐沦为半殖民半封建社会。1840 年以前为古代，1840 年以后为近代。明长城是我国最晚的长城，属于古代的范畴。因此，明长城以及明代以前的长城，都属于古代建筑物。

在清代镇压捻军起义的过程中，清政府曾在山东境内修复了一段齐长城，

楚长城

用以阻止捻军北上；在山西境内沿黄河东岸，曾修筑了一百多公里的长墙，以阻止捻军从陕西进入山西。修复齐长城一事，发生于咸丰十一年（1861年），沿黄河修长墙一事，在同治七年（1868年），这时中国已与西方列强签订了不平等条约，中国已进入半殖民地时期。如果把上述称作清代长城的话，按照逻辑便成为近代长城了，这是毫无道理的。

长城定义的上述五个方面内容，是彼此密切相关，不能割裂，缺一不可的，是一个完整的、统一的整体。缺乏了其中任何一项，都无法完全、准确地表达长城的基本特征，无法表现长城定义的科学性和唯一性。

早期的长城

中国进入奴隶社会后，奴隶主的享乐意识大增，导致他们的危机意识日盛，强烈地要求有更加完善的城池防御体系来保障他们的安全与财富。武王伐纣建周后，大规模地把封地连同奴隶分赏给王室子弟和诸侯功臣，而得了封地的诸侯为了巩固和发展其领土，无不大筑城郭，以维护既得的利益，防御他国的侵犯。同时为防御北方游牧民族的袭击，又在边境要地修筑连续排列的城堡——"列城"用以防御。

俗话说，"天下大势，分久必合，合久必分"。诸侯争霸，王室衰微，曾经先进的奴隶制度分崩离析，如周朝者那样强盛，最终也无法避免被历史抛弃的命运，取而代之的是封建制度的兴起。在新与旧的较量中，封建制终于取得了胜利，统一的中央集权国家也逐步形成。春秋战国时期，战争的频繁和激烈使人民深陷于水深火热之中。但各诸侯国原来的防御手段远远不能满足军事上的需要，于是就产生了用城墙把烽火台、城堡、河谷、山崖、壕堑、道路等联系起来的思想，从而在边境上形成了大规模的防御体系。这种防御体系，不同于只能防守一个都邑或据点的城堡，而是构成一条相当长的防线，防卫着极为广阔的地区。这些防线不管多长，从总体上看，是一条线状工程，所以被称为长城。这就是万里长城的雏形。

各诸侯国都在自己易受侵犯的边境筑起了道道长城。有为抵御敌国侵犯、兼并而建的，如楚、齐、秦、赵等国；也有为抗击匈奴诸胡而建的防御线，如秦、赵北界。其中，楚、齐长城应是最早修筑的长城，而秦、赵长城要长得多，防御措施也严密得多。

长城防御的作战方式

长城是军事防御体系，军事学上的防御是军队凭借险峻地势和坚固的防御工事，固守一块阵地，达到以逸待劳的目的。我们形容长城关隘地势的险要，常说的"一夫当关，万夫莫开"，就是这个意思。

长城防御部队的首要任务，就是坚守长城的城墙、敌楼、关隘、城堡。

驻守长城的军队，依托长城墙体、关隘、敌楼、城堡这样坚固的阵地，进行守卫作战，阻止游牧民族骑兵的高速、快速进攻。通过坚守阵地，可以有效地消耗敌人和延长敌人进攻的时间。长城在防御敌方的抢掠行为、破坏敌人抢掠的目的时，可以发挥很大的积极作用。

长城防御部队与游牧民族进攻部队，有多种多样的作战形态。游牧民族部队攻打长城时，所采取的进攻行动，所实施的进攻作战方式，在不同时间、不同地点也有很大的变化。

有时，作战是来自一个方向的进攻。游牧民族骑兵部队对长城的某个关隘或某个城堡，发起突然进攻，并以强大的攻势突破某一个地方，然后按既定的战略目标向纵深发展，从而实现自己进攻的目的。

有时，游牧民族的部队会采取多方向进攻。从两三个甚至更多的方向，同时对长城地区实施进攻。在这种进攻方式的攻击之下，只要有一点突破，就很容易实现多点突破的局面。施行多处突破之后，长城防御军队就很难在较短的时间内，切断游牧民族部队的回撤道路。

在长城地区，进攻方和防御方的战争，有时还是具有决战意义的作战行动。在这样的行动中，双方都会不遗余力地排兵布阵，以赢得战争的胜利。

一般情况下，游牧民族的骑兵进入中原地区是为了抢掠。进攻之初都是轻装上阵，往往具备很强的战斗力。在抢劫完成之后，马匹上驮有很多的物资，骑兵在战斗的同时还要保护自己抢掠到的粮食和其他物资，这时，游牧骑兵的战斗力往往受到极大的限制。在这种条件下，长城防御部队对回撤的游牧民族部队实施追击和堵截作战，是最有利的作战时机，很容易赢得作战的胜利。

进攻战和防御战、追击战等作战形式在长城沿线时有发生。有时，在一次战役中，各种作战形式都会出现。

长城的防御并非一些人想象的那样，只是守在城墙上等着敌人进攻，等着挨打。其防御是一种纵深的防御，是防御与进攻相结合的防御。这种防御具有坚守与机动相结合的特点，是一种积极防御。进攻长城的一方，面对多层设防的作战体系，实际上是陷入了立体作战的狭小空间，对安全极为不利。

长城纵深防御很强。为防止一道防线被攻破，造成全面崩溃的被动局面，在重要部位还设有多重防线对进攻方进行抵御。建造长城、设计布防时，都要将纵深防御考虑进去。每一道防线都是相对独立的体系，可以独立作战。

后面的防线已经做好了战斗准备，前赴后继，英勇作战。只要几条防线中，有一道防线确保不失，就能对进攻的敌人给予一定程度的打击。当然，后边的防线可以向前支援，加强以及阻挡住敌人的力量；已经被攻破的几道防线，新的防御力量也可以在极短的时间内重新形成，对进攻长城的敌人形成包抄，对其实行有效的打击甚至歼灭。

第二道、第三道防线，在敌人进攻第一道防线时，就需要作出第一道防线有可能失手的预期，并做好迎敌的战斗准备。不过，在纵深防御的最后一道防线，一般来说有很大的心理压力。因为敌人已经攻破了几道防线，其勇猛的进攻势头肯定越来越强。

长城防御作战的另一部分是机动防御。机动防御是分层次、逐级实施抵御的作战方式。比如，八达岭关沟的各个关口之间，便形成了这样一个逐级防御的系统。当敌方骑兵攻打岔道城的时候，八达岭长城的守卫者已经做好了防御的准备；当敌方骑兵攻打八达岭的时候，上关城的守卫者也做好了防御的准备；当敌兵攻打上关城时，居庸关的守兵同时严阵以待；敌人攻打居庸关时，南口城的部队做好了集结准备。

蓟县黄崖关

这样一系列的准备，不仅可以做到逐级防御敌兵，还可以在运动中歼灭敌人。比如，敌方攻进了八达岭长城、攻进了上关城，正在准备攻取居庸关时，如果上关城和八达岭的守兵并没有被敌人重创，便可以包抄进来，和居庸关的守兵一起对进攻之敌实行围歼。而在敌方撤退时，居庸关的守兵又可以出击，与上关城和八达岭上的守兵一起围歼敌方。这样的作战安排，在蓟镇段长城有很好的体现。

　　在具有纵深防御的系统中，部分关隘、关城的退却，部分地放弃所据守的关口、关城，并不是表示整个防御已经失效，而是防御进入了下一个阶段。不管是主动地退却还是被动地退却，在强敌进攻时，是否选择退却要看全局部署是否完成。

　　修建长城自然有一定的威慑作用，让长城外的游牧民族知道长城内已经做好了防御的准备，使他们不敢轻易来犯。威慑作用，就是《孙子兵法》里所强调的"不战而屈人之兵"。《孙子兵法》里讲："上兵伐谋，其次伐交，其次伐兵，其下攻城。"从孙子的这一战略思想可以看到伐谋的重要性。攻城在当时的武器装备条件下非常困难，是冷兵器时期不到万不得已不会采取的最下策略。

　　"不战而屈人之兵"是以强大的战争实力、战争潜力和良好的备战状态为基础的。戚继光驻守蓟城时，曾经在汤泉搞过一次大规模的军事演习。这次历史上著名的汤泉练兵，将威慑作用发挥到了极致。明隆庆二年（1568年），戚继光奉命以都督同知总理蓟州、昌平、保定诸镇练兵事务，不久又兼任蓟镇总兵官。任后即着手整饬并加强长城沿线的防务，提出用三年训练出"进可攻，退可守"的10万车步骑部队。

　　隆庆六年（1572年）冬，戚继光在蓟州汤泉（今河北省遵化）一带，组织了有10万大军参加的大演习。他正式邀请了长城外蒙古族的首领进长城来参观这场大演习。连营数十里的明军进行"对垒"的实兵对抗演练。蒙古部队的将领们亲眼目睹了戚继光的部队，用战车拒敌、步兵应敌、骑兵逐敌的长城防御战斗部署。

　　通过演习，明朝军队向蒙古部族首领展现了自己的武装实力。明确告知对方，自己已经做好了使用武力抵御侵扰的准备，让对方在自己强大的武力威慑下不敢轻易地采取敌对行动。在这次军事演习中，戚继光不但让蒙古族的这些首领们参观了长城，而且让他们看到了守卫长城这支勇猛的部队，真正地达成了战略威慑的目的。

当然，仅靠长城的存在来实现战略威慑是不够的，还要靠驻守长城的军队进行军事活动来显示长城守卫的军事力量，显示长城守军的战斗能力，使对方被迫放弃进攻长城的企图。

除了"示形于敌"显示威力之外，还要有一些军事打击来增强威慑作用。若威慑仅仅是摆在那里给人看的一种显示，不足以使对方从心理上真正产生畏惧并因此屈服。只有军事打击的威慑作用与长城防御形成一种相互呼应的态势，才能真正起到足够强的战略威慑作用。

当然，战略威慑并不是万能的，所以在长城沿线才会发生那么多的战争。明英宗的亲征本来也是要靠一种威慑力使瓦剌的部队退兵，但虚张声势的威胁并没有吓住瓦剌。因为瓦剌了解到明从朝廷到边疆，都没有做好战争的准备。瓦剌军不但没有受威慑的影响，反而越战越勇，最后在土木堡生擒了明英宗。所以说，威慑作用是避免战争和战争升级的有效手段，但用得不好也可能适得其反。

秦始皇与万里长城

据《史记》记载，秦代修筑长城始于公元前214年，由大将蒙恬主持这一工程。整个工程"因地形，用险制塞，起临洮，至辽东，延袤万余里"。其中有一部分是在原赵、燕旧长城的基础上修缮增筑而成。长城在当时历史条件下，起到一定的防卫作用，但其作为伟大的建筑工程遗留后世，"长城地势险，万里与云平"，是我国古代劳动人民富于智慧和独创性的见证。

秦始皇统一中国后，对其统治形成威胁的主要是北方的匈奴。匈奴族，

扶苏墓

中原称其为胡，是中国北方一个古老的少数民族。战国时期，匈奴借大国争霸之机，不断侵扰边境，逐渐占据了北方河套地区。公元前228年，秦王嬴政第一次到河北邯郸一带巡视，返回咸阳时曾路过上郡。第二年，秦便征调民众，沿黄河修筑长城。秦统一全国后，建都

咸阳（今陕西咸阳东），居于河套地区的匈奴对咸阳构成很大的威胁。秦始皇为解除后顾之忧、防御匈奴的南下掠夺和滋扰，以巨大的财力、物力和人力修筑万里长城。他首先派大将蒙恬率领三十万大军向匈奴大举进攻，攻占了河南（今内蒙古西南黄河河套以南地区），并渡过黄河攻取了高阙、阴山、北假，建立44个县，把匈奴逐出了原赵长城以北的地方。公元前215年，秦始皇北巡返回时又来到上郡，派蒙恬攻占黄河以南的大片土地，把匈奴向北驱逐出三百多里，使其不敢南下牧马。接着于公元前213年，令蒙恬率部与征用的民夫与大量战俘近200万人，对长城进行修筑。公元前212年，秦始皇又命长子扶苏监军于上郡。公元前210年，秦始皇东巡途中病死在河南沙丘，中书令赵高篡改诏书，令扶苏、蒙恬自杀，扶苏当即自刎，蒙恬不从，被囚禁在阳周（今子长县境内），终被缢死。经过近十年的时间，把燕、赵、秦三国原来的长城连在一起，西起陇西郡的临洮（今甘肃岷县），东至辽东，长达一万多里。秦新筑长城部分，相当于原有长城全部长度的大半。

秦并六国后，采取了许多有利于国家政治统一、经济文化发展的措施，如书同文、车同轨，统一度量衡和货币等，与此同时，对六国原有的城池、

长城

关防进行了毁坏，以防止六国贵族作乱，因此，六国所筑的长城，也遭到了破坏，楚、魏、赵、燕所筑长城多在中原地区，所受的破坏最为严重，这是中原地区战国长城遗址较少的一个重要原因。不过，在北方修筑的长城，如赵武灵王长城、燕北长城、秦昭王长城，仍有防御匈奴的作用，不但没有毁掉，还加以利用和修补，这是秦始皇长城的一个显著特点。

秦昭王长城离秦都咸阳最近，成为保卫咸阳的重要屏障，因此，秦始皇当政时期，对秦昭王长城进行了充分的利用和修补。在秦昭王时代，河西地区是赵国的领土，因此，秦昭王长城不能进入赵国境内修筑。秦始皇统一六国后，原先赵国河西之地已被统一到秦国的版图内，这样便可以将秦昭王长城向北延长。蒙恬筑长城的一个重要任务，就是修补秦昭王长城。秦昭王长城的北端，大体终止于陕西绥德县附近，蒙恬所筑长城，是从白于山向北延伸，进入现在的内蒙古境内。新修补的长城是从白于山的东端转向北方，经靖边县东，进入横山县境内，然后越过无定河、榆林河，经榆林市区北，走向东北方，再越过秃尾河至窟野河，进入神木县。在神木县内，长城遗迹比较清楚。秦始皇除了把秦昭王长城向北延长，增修了新的长城以外，又在洮河流域增修了一段新长城。《太平寰宇记》对此记载尤为具体："兰州，《禹贡》雍州之城，古西羌之地。……及秦并天下，筑长城以界之，众羌不复南渡。"兰州附近的长城不是孤立的，而是与始自临洮的秦昭王长城相连接，这样就构成了完整的长城防御体系。

赵武灵王长城修筑于公元前300年，离秦始皇时代不算远，长城的墙体保存比较完好，在个别地方稍加整修即可以利用。因此，秦代利用原有的赵长城防御匈奴，自然是最简便的办法。大青山南麓的赵长城大部分为秦代所沿用，个别地方新筑长城，并利用山险御敌。阴山以南、黄河以北的河套地区，由于阴山的屏障和黄河的滋润，气候比较温暖，自古以来就是匈奴人重要居住地。匈奴单于所居住的头曼城，就设在这里。虽然蒙恬将匈奴驱逐到阴山以北，然而匈奴不忘旧地，时时伺机南下。因此，阴山以南、黄河以北的河套地区就成为秦代防御的重点所在。除了利用阴山以南的赵武灵王长城以外，秦始皇又在阴山以北新修了一道长城。这段长城西起于今内蒙乌拉特中旗西南石兰计山口北面，石兰计山谷是南北走向，山谷北口有小黄山，山势陡峭，高约百米，自山顶向东北，有土石混筑的长城，沿狼山北坡走向，穿越呼鲁斯太沟，墙体系用石片垒砌，残高5~6米，顶宽3米，附近有烽燧遗址。长城由此向东，在乌拉特中旗海流图镇以南约 20 公里的红旗店，墙体沿山脊走向，全部用石块垒砌。在进入巴音哈太苏木以后，在查石太山山脊北坡向东走向。在郜北乡南进入乌拉特前旗小佘太乡，仍是石砌墙体。阴山北麓秦长城全长 410 公里，基本上是沿狼山、查石太山、乌拉山、大青山北坡，自西向东走向，这些山都是阴山的一部分。墙体以石砌为主，少部分采用土石混筑、夯筑。

战国燕北长城，在秦代也被沿用，成为秦长城的一个组成部分。赵武灵王长城，东止于张北县狼窝沟，燕北长城西起于何处，目前尚缺乏证据，难以作出确切的说明。不过在秦代为了防御匈奴、东胡的侵扰，把赵长城与燕长城连接在一起，组成了北方的大屏障，这是没有什么疑问的。据实地考察，在张北县狼窝沟以东有一道大体是东西走向的秦长城，它经过二道边村、小南洼、塞塞坝、小三塔户，到达张北县与崇礼县交界的桦皮岭。桦皮岭属于大马群山，海拔 2129 米，是阴山东段的专称。长城由桦皮岭转向东北，进入沽源县境，经卜塔沟、碾盘沟而到达小厂乡，由小厂乡转向东南，沿葫芦河南下，到达赤峰县与沽源县交界处的骆驼嵌。自骆驼嵌以后，长城消失不见踪影。骆驼嵌山体高大，在骆驼嵌以东有猴顶山，海拔 2293 米，或许是以山险为防，不修筑长城，或许是虽有长城而未被发现。

对于巩固中央集权封建制国家的统治、保障北方地区人民的安定生活、发展长城沿线的农牧业生产，长城的修筑功不可没。唐代诗人汪遵有诗云："秦筑长城比铁牢，蕃戎不敢过临洮。"在中国历史上，第一次真正大修长城的应该是秦始皇嬴政了，这位千古一帝本想借长城的修筑来完成的江山长治久安的目的。但是，就在秦始皇死后不久，大一统的秦帝国即二世而亡，这真是令人扼腕

新疆境内的烽火台

叹息。秦帝国灭亡了，长城却完完整整地留给了人们，历代的文人雅士面对这一雄伟壮观、空前绝后的伟大工程，曾写出无数千古流传的名篇。唐代诗人胡曾就感慨道："祖舜宗尧自太平，秦皇何事苦苍生。不知祸起萧墙内，虚筑防胡万里城。"

万里长城最终完成

明朝在灭掉元朝以后，原来的统治者蒙古贵族逃回旧地，仍然不断南下骚扰掠夺。后来在东北又有女真的兴起，为了防御蒙古、女真等游牧民族贵族的扰掠，明代十分重视北方的防务。明太祖朱元璋原是一个农民起义的领袖，对于攻打城池曾经有过亲身的体会，当他已经取得天下的时候，为了巩固其统治，十分重视筑城设防的措施。原来在朱元璋即将统一全国的时候，就采纳了休宁人朱升"高筑墙、广积粮、缓称王"的建议。高筑墙就是筑城设防备战之意。因此明朝不仅对全国各州府县的城墙都修筑得十分坚固，全部用砖包砌。而且对长城的修筑工程更为浩大，在明朝的二百多年中差不多一直没有停止过对长城的修筑和巩固长城的防务。明朝长城工程之大，自秦皇、汉武之后，没有一个朝代能够与之相比，工程技术也有了很大的改进，结构更加坚固、防御的作用也更大了。我们可以这样说，万里长城这件从春秋战国时期开始修筑，经秦始皇连成一气的伟大工程，直到明朝才完成。

明朝的军事防御工程，不仅是长城，而且在东北、西北和东南沿海以及全国各地都设置了军事机构，修筑了城防、关隘。远出万里长城山海关以北三千多里的特林地区设立了奴儿干都司，行使军事和民政权力。远出嘉峪关西北数千里的哈密、沙洲、吐鲁番等地设立了卫所等军事和民政机构管理那里的军事和民政事务。这些城防、关隘、都司、卫所与万里长城同属明朝的防御工程体系。

明朝还在重要的关隘地方，特别是在当时的京城北京的北面居庸关、山海关、雁门关一带修筑了好几重城墙，多的达到二十多重。另外，在长城南北设立了许多堡城、烟墩（烽火台）用来瞭望敌况，传递军情。正德年间（公元 1506－1521 年）在宣府、大同一带修筑了烽堠三千多所。

戚继光任蓟镇总兵时又在山海关至居庸关长城线上修筑墩台一千多座。

这些烽堠、墩台与长城南北的许多城防、关隘、都司、卫所等防御工程和军事机构共同构成一道城堡相连、烽火相望的万里防线。

 ## 长城墙体的种类

长城本体及附属设施所用的建筑材料，按其性质来说有泥土、石头、植物、烧砖四大类。此外，还有土坯（墼）、土石、土草、石草、砖石等若干小类，其实是上述泥土、石头、植物、烧砖的变种或亚种，具有复合材料的特点。在建筑施工过程中，还需要有黏合剂。最初的黏合剂为泥浆，后来出现了以石灰（又称大灰、烧灰）为原料的灰浆和以石灰、粉沙、黏土混合而成的三合土。黏合剂虽属辅助性建筑材料，然而随着建筑技术的进步，越来越显得重要。

如何将众多的建筑材料加工组合成长城墙体和附属设施，属于长城的建筑技术方法。它是认识长城、研究长城的一个重要方面，不可或缺。为了叙述的方便和阅读的方便，兹按建筑材料的分类加以介绍，复合材料则在相关的建筑材料之后加以说明。这样条理可能会更加清楚，可以加深对建筑技术方法的认识。

 ### 1. 土长城

泥土是古代最常用的建筑材料。泥土资源丰富，在平原地区随处可见，取之方便，成本低廉，用途广泛。举凡长城墙体、城堡、烽燧等建筑物，均可以用泥土为之。有些山区也不乏泥土，因此，山区的长城墙体、城堡、烽燧，有一部分也是用泥土打造。

将泥土加工成建筑物墙体，主要有三种方法：一是夯筑，二是堆筑，三是坯筑。

2. 石墙城体

石头是地球表面最为丰富的自然资源之一，其分布范围十分广泛。因此，石头易于开采利用，成本低廉。再加上其质地坚硬，使用寿命长久，故而成为古今中外著名的建筑材料，埃及金字塔、希腊奥林匹亚，都是石建筑的典

土长城

范。长城属于军事建筑工程，必须坚固耐用，石头自然成为最理想的建筑材料。

中国将石头用于构筑墙体起源很早，在史前时期就已经出现了。内蒙古中南部和东南部地区遗留下来的众多的石城，便是有力的证明。

在内蒙古中南部包头、凉城、准格尔、清水河等市县境内，发现了十余处石城聚落遗址，其中以岱海西南凉城县老虎山石城最有代表性。石城墙可见者，累计长度为 12500 米，为聚落的围墙。石墙的基础，铺以经过砸实的黄土，厚 1.4～1.9 米，宽 5 米。在此黄土基础以上，采用大小不同的石头错缝垒砌，内填碎石或黄泥。石墙宽 0.8～1 米，残存最高处为 1.2 米。墙基比墙体宽近一倍，且经砸实，显然是为了防止因地面下沉而引起石墙倾斜坍塌，使墙体经久耐用。石墙墙体外侧平整，内侧不规整，属于民间所称的"单边墙"。凉城县老虎山石城聚落遗址，距今有 4300～4800 年，是迄今已知中国最早的石城墙。

内蒙古东南部的石城，据不完全统计约有 100 多座，多分布在阴河、英金河沿岸，规格大小不一，保存好坏程度不同。其中以赤峰郊区池家营子石城最有代表性。石墙有的是全部用石头垒砌，有的是石头包边，中间充实泥土。石墙建于生土层之上，生土层未经砸实，也未见基础，与老虎山石城有所不同。石墙体的宽度不一，多为 1~5 米，最宽 6~13 米，最窄不足 1 米。从西山根解剖的一段石墙，基宽 1.4 米至 1.6 米，顶宽 0.8 米，残高 2.5 米。为了防止石墙体倾倒，在石墙外侧每隔一段距离，便堆积一座半圆形的石堆，有如后世城墙外侧的马面。内蒙古东南部的石城，属于夏家店下层文化遗址，距今 3600~4300 年。在时间上晚于凉城县老虎山石城。

内蒙古境内的石城墙体，虽然还很简单，所使用的石头都是未经人为加工的毛石，然而却证明早在 3000~4000 年以前，古人已经掌握了砌筑石墙的方法，这种方法一直被后世所沿用，在修筑长城的时候，经常采用这种方法。因此，长城石墙的做法，可以追溯到遥远的史前时期。

 ### 3. 砖长城

砖（焙烧土砖）墙是长城墙体发展的最高形式，也是最后的形式，只见于明代九镇边墙。此后，长城便完成了它的历史使命，走下了历史舞台。

"砖"字本作"甎"，《集韵》对它的解释是"烧墼也"。墼是土坯，将土坯焙烧以后，就变成了坚硬的砖。"甎"字又可以写作"塼"，以表明它是以泥土为原料，属于土器。"砖"字是"甎""塼"的俗字体，以其坚硬如石之故。

烧砖的前身是土坯，今又有称之为土砖者。土坯用于建筑材料，大概以陕西岐山县凤雏遗址为最早。将土坯大量应用于建筑上，以四川成都羊子山祭坛为代表。祭坛的围墙是用土坯砌筑，大约共用了 133 万块。土坯模制，长 65 厘米，宽 36 厘米，厚 10 厘米。四川成都羊子山祭坛，属于春秋时期；陕西岐山县凤雏，属于先周遗址。由此可知，土坯的使用持续了很长时间。土坯的形态似后世的烧砖，由于未经焙烧，还不能算作砖，不宜称作土砖，以免造成混淆。土坯只是烧砖的前身而已。

 ### 4. 草长城

在西北干旱区，例如河西走廊最西部敦煌县境内，遍地多是戈壁沙漠，既缺乏石头，又缺乏土源，然而出于军事防御的需要，必须修筑长城。在缺

疏勒河古长城

石、缺土的条件下，人们创造了一种奇妙的方法，即以河边盛长的芦苇、红柳夹上粗砂、砾石构筑长城墙体，其外观有如草垛，故被称作草墙，当地民间又俗称作芦苇长城、红柳长城。

草长城主要见于疏勒河沿岸的汉长城。疏勒河古称籍端水，发源于祁连山南之疏勒山沙果林那穆吉木岭，以冰川雪水为源，全长637公里。其上游支流有昌马河，下游支流有党河。古代疏勒河水量甚为丰沛，沿河形成了冥泽、哈喇淖尔，现在均已干涸，哈喇淖尔残迹被称作波罗湖。

疏勒河以北有马鬃山，主峰海拔2079米，南有祁连山，主峰海拔5934米。疏勒河沿岸属于准平原化的基岩戈壁，遍地皆为粗砂、砾石。由于疏勒河古代河道宽阔，沿岸形成了许多沼泽，芦苇、红柳、芨芨草（古称白草）生长非常繁茂。这种自然条件决定了难以修筑土长城、石长城，于是，草长城应运而生。

长城的警报和通讯系统

警报、通讯系统是长城防御体系的重要组成部分。它负责发出敌情警报，传递军事文件，沟通各种防御设施之间及其与指挥机关的联络。

中国早在公元前8世纪，就已经有了警报、通讯系统。《史记·周本纪》中有这样的记载："褒姒不好笑，幽王欲其笑万方，故不笑。幽王为烽燧大鼓，有寇至则举烽火。诸侯悉至，至而无寇，褒姒乃大笑。幽王说之，为数举烽火。其后不信，诸侯益亦不至。"这件事发生在公元前781年至公元前771年间。这就是脍炙人口的周幽王"烽火戏诸侯"的故事。

《史记》在记述这个事件时，记载了当时是用烽火和鼓声作为警报和联络信号。

1. 绝密的信号

在战国时期，中原地区的许多诸侯国都修建了长城，也把烽火和鼓声作为警报和联络信号，而且有了进一步的发展，除了火光和鼓声以外又增加了旗帜。

《墨子·旗帜》有守城时如何发警报和联络的详细记载。白天，用鼓声和旗帜发警报和联络信号；夜间，则用鼓声和烽火发警报及联络信号。

当时对守城的警报和联络信号的规定是：当敌人攻到城外护城河以外时，城上的守军应该敲三遍鼓，竖一面旗；当敌人攻到护城河水中时，敲四遍鼓，举两面旗；当敌人攻到城外的前沿防线时，敲五遍鼓，竖三面旗；当敌人攻到外城时，敲七遍鼓，举五面旗；敌人攻到内城时，敲八遍鼓，竖六面旗；敌人爬上城墙时，就不停地敲鼓。

在夜里就把举旗换成举火。守卫边防的士卒白天是用不同数目的旗帜和鼓声警报传递联络信号，夜间则把旗帜换成烽火。

为了保证准确、及时和有条不紊，郡府和都尉府都制定有适合本郡或本都尉府防区使用的《烽火品约》。敦煌和居延地区出土汉简中都发现过这类简册文件。

 2. 汉长城烽火台建制

汉代长城烽火台的数量比前代要多，大约相距 2 ~ 5 公里即有一座。在敌情较多，地形复杂或军事要塞附近还要密一些，500 米或 1 ~ 2 公里就建一座烽火台，一般都是用土坯砌筑或黄土夯筑。在山区有石砌的烽火台，高度多在 5 ~ 10 米之间。

烽火台周围还有不少附属设施。有的烽火台周围建了住房、仓库、马圈、院墙等建筑物，院内还挖有水井等生活设施，有的则比较简单，只在烽火台上建一个没有顶的小房，供瞭望的士兵站在里面，很像后代岗楼。

还有一些烽火台周围和顶部没有任何建筑物，上下烽火台也没有台阶，这些烽火台上悬挂有用草绳或麻绳编的软梯供人上下。这种烽火台可能是供游动瞭望哨瞭望敌情用，平时没有固定的人在上面瞭望。

那些有房屋等建筑物的烽火台，一般住戍卒 3 ~ 29 人。每座烽火台有一个燧长。这些士卒的任务包括：瞭望敌情，在长城沿线巡逻，放敌情警报和联络信号，送军情报告，维修烽火台和制造各种烽火用具，以及对入侵的敌人和盗贼进行防御。

3. 汉朝的六种烽火语言

汉朝的信号一般有六种，即积薪、苣火、烽、表、烟、鼓。白天举烽、表、烟；夜间举苣火；积薪和鼓在白天、夜间都可以用。

积薪即是柴堆，主要用灌木柴或芦苇秆堆成。积薪按规定有大小两种，每座烽火台配备的数目不相同，少则4~5堆，多则十几堆。它们放置的位置有严格的规定。如果积薪放的位置、堆的大小不符合规定都要重新堆，如果已经使用或损坏，必须立即更换新的。因此砍柴刈苇是戍卒们一项十分繁重的劳役。

苣火，就是火炬，是用芦苇或茇茇草（茇茇草是中国西北生长的一种草本植物，可以长得很长而且很坚韧）扎成。在汉简中记载：有大苣、小苣等许多种类，发现的实物中有长达近2米的火炬，也有短至10厘米的火炬。

烟是白天使用的信号，在烽火台上专门有一个烟灶，用来生烟，汉代主要是烧柴草、牛粪、马粪之类。

鼓也是必备的警报用具，当阴天或有雾、下雨，不能点火或看不见烟时，就用鼓来警报和通讯，那时，把鼓连续敲若干次称为一"通"，根据每"通"敲的次数和敲的"通"数就可以知道敌情。

烽的形状类似中国古代吸取井水的桔槔，俗称吊杆。它有一个立柱，立柱顶端装一根可以上下转动的横木，横木一端系一根绳子，另一端吊一个笼筐。这种设备称为烽架，有两种用法，一种是用红布或白布（或帛）包在笼子的外面，不同的敌情吊起不同颜色的笼筐。这种烽称为"不燃之烽"。另一种用法是把笼筐内放入苣，

烽火台

点燃后吊起来，这就是烽火。有时也用它放烟。汉代规定，一座烽火台至少设三个烽火架，由于它们放的位置不同又有不同的名称，如亭上烽（安在烽火台顶部），地烽（安在烽火台附近的平地上）等。

除此之外，还有用不同颜色的布或帛做的类似旗帜的"表"，在白天升不同颜色的表可以表示不同的信号。当时取火是用钻木取火的原始方法，平时要保留火种。

关塞隘口

我们在古代文献记载和诗词描述中经常可以看到有"关山""关河""关津"等。关总是与山、河、海等自然形势相结合的。有时把塞、隘、口并称为"关塞""关隘""关口"。可知关、塞、隘、口之间的密切联系。"关"，这一字原来指的是门上的闩，用来关闭门户之物，也作关闭讲。"塞"，是堵塞之物。"隘"，是狭窄之处。

"口"，是出入的通路。有时称作"隘口"，意思是狭窄的通道。古时我国各地都有许多关塞隘口，各个诸侯国家以及各个地方政权或是割据势力把它们作为防御的要地。

长城的关、塞、隘、口非常之多，是长城防守的重点，也是平时出入长城的要道。《淮南子》上说，"天下九塞，居庸居其一"，可见塞是不少的。凡是险要地带，敌人经常入侵的地方，都要筑城、设险以堵塞其进入，所以称作塞。塞比城的范围还要大些。如秦始皇"西北斥逐匈奴，自榆中并河以东，属之阴山，以为三十四县，城河上为塞"就是在黄河岸筑城以为防御，这里的城不是单独的一个城而是指一系列的城及长城。又如今天内蒙古自治区潮格旗的石兰计山口，据文献记载和实际调查，即是高阙的所在，是赵长城和秦长城的重要关塞。石计兰山口位于狼山山脉的中段，山口两旁各有一高峰对峙，远远望去好像一座阙门。两峰如双阙高耸云端。双峰时时为云遮没。在《水经注》上描述说："长城之际，连山刺天，其山中断，两岸双阙，善能云举，望若阙焉。故状表目，故有高阙之名也。"山谷长六七公里，山口较狭，在其北口有长城和烽燧遗址，南口也有烽燧遗址。这与居庸关关沟的设险情况相同。即以隘谷通道立关置塞，在隘谷外侧（北口）筑长城，里侧南口设烽燧关城。这正是长城关塞布局的一般原则。

长城隘口

当我们登上居庸关、八达岭、山海关城楼或是其他长城关隘，看见那宛如长龙奔驰在丛山峻岭之间的长城的时候，一种惊叹赞赏之情不禁油然而生。使我们马上想到，这样伟大艰巨的工程，古代劳动人民不知付出了多少辛勤的劳动，流出了多少血汗！

要修筑万里长城这样规模宏大而又艰巨的工程，在劳动力的调配、材料来源、规划设计和施工等方面都是相当庞大复杂的。首先谈一下劳动力。

修筑长城的人力来源，大约有如下几方面：第一是戍防的军队，这是修筑长城的主要力量。如秦始皇时修筑长城，即是大将军蒙恬在打退匈奴之后，以三十万大军戍防并修筑的，经过了九年多的时间才修成（《史记》上记载为三十万，《淮南子》上记载为五十万）。第二是强迫征调的民夫，这是修筑长城的重要力量。秦始皇时除所派蒙恬率领的几十万军队之外，还强征了大量的民夫，约有五十万。各个朝代修筑长城都大量强征民夫，历史文献上已有不少记载，如北魏太平真君七年（446年），修筑首都平城（今大同）南面的"畿上塞围"，即征发四州十万人。隋开皇三年（583年）发丁男三万修筑朔方、灵武长城，四年（584年）又发丁十五万修筑沿长城的城堡数十座。大业三年（607年）发丁男百余万筑长城，四年（608年）又发丁二十万筑长城。由于丁男人口已经征发殆尽，最后连寡妇也被强征去修筑长城了。第三是发配充军的犯人，在秦汉时候，专门有一种刑罚叫作"城旦"，就是罚去修长城的人。据《史记·秦始皇本纪》上记载，公元前213年，秦始皇采纳了丞相李斯的主张，下令除秦纪、医药、种树等类书籍之外，民间所藏诗、书一律都要焚毁。"令下三十日不烧，黥为城旦"，凡抗拒不烧书的，就在你面上刺字涂墨后罚去修长城。如果把你判为城旦之罪，剃了头，颈上加上铁圈，送去修筑长城。白天还要轮流看守巡逻，夜间则修筑长城，是十分辛苦的。这种刑罚为期四年。

两千多年来我国古代劳动人民在完成万里长城这一伟大工程的时候，发挥了高度的聪明才智，不仅在规划设计上"因地形，用险制塞"，完成了设防的需要，而且在施工管理、材料供应、施工方法等方面都有着重大的发明创造，克服各种困难，完成了艰巨的任务。

长城经行的地理情况千变万化，高山峻岭、大河深谷、沙漠草原、戈壁滩石等都有长城穿越。因此，在修筑长城的时候，劳动工匠和军事家们，在实践的基础上，创造了一条利用自然地形，在险要处修筑城墙、关隘和烽燧、烟墩、城堡等建筑物，用以阻击来犯者达到防御的目的。

长城修筑工程的施工管理是一项十分复杂的工作。由于长城绵延万里，工地很长，施工管理更为复杂。当时所采取的办法是与防守任务相统一，即采用分区、分片、分段包干的办法。如汉朝河西四郡（武威、张掖、酒泉、敦煌）的长城就是由四郡的郡守负责各自的境内长城的修筑，郡再把任务分到各段、各防守据点的戍卒身上去。当然大的工程和关城的修筑则要由郡守调集力量去修。中央政权也从全国各地征调军队和募集劳力到重点地区去修筑。明朝的时候，沿长城设十一个重要的军事辖区"镇"来管辖长城，同时也担任所辖区内长城的修筑和维护。如山海关外辽东镇长城即是由提督辽东军务王翱、指挥签事毕恭、辽阳副总兵韩斌、都指挥使周俊义以及张学颜、李成梁等人在任辽东镇军事首领时相继修筑而成的。从山海关到居庸关的长城沿线的上千座敌台是戚继光任蓟镇总兵时相继修筑的。至于分到长城的一段或一处烽台、烟敦，也多用包干修筑的办法。

在八达岭长城上，发现了一块记载明朝万历十年（1582 年）修筑长城的石碑。从这块石碑中我们可以看出当时修筑长城的人力主要是利用军队的力量，用分段包修的方法来施工的。

碑文如下：

钦差山东都司军政金书、轮领秋防左营官军都督指挥金事寿春陆文元、奉文分修居庸关路石佛寺地方边墙，东接右骑营工起长柒拾五丈二尺，内石券门一座。督率本营官军修完，遵将管工官员花名竖石，以垂永久。

管工官：
中军代管左部千总济南卫指挥　刘有本
右部千总青州左卫指挥　刘光前
中部千总济南卫指挥　宗继光
官粮把总肥城卫所千户　张廷胤
管各项窑厂、石矿办料署把总：赵从善、刘彦志、宋典、卞迎春、赵光焕。
万历拾年拾月　日鼎建

从这块石碑中我们可以看出这一段包修工程用了几千名官军，加上许多民夫才包修了200米城墙和一个石券门，可以想见工程的艰巨。这一批包修工程的官兵是从山东济南卫、青州卫、肥城卫所等处调来。

关于修筑长城的建筑材料，在没有大量用砖以前，主要是土、石和木料、瓦件等。需用的土、石量很大，一般都就地取材。在高山峻岭的地方，就在山上开取石料，用石块砌筑。在平原黄土地带即就地取土，用土夯筑。在沙漠地区还采用了芦苇或红柳枝条层层铺砂的办法来修筑，如像今天还保存的新疆罗布泊与甘肃玉门关一带的汉长城就是这样修筑的。修筑的方法是铺一层芦苇或红柳枝条，上面铺一层砂石，砂石之上再铺一层芦苇或红柳枝条。这样层层铺筑，一直铺砌到五六米的高度，芦苇或柳枝的厚度约五厘米，砂石的厚度约二十厘米。若修五米高的城墙就要铺到二十层左右的芦苇柳枝和砂石。在东北的辽东长城还有用编柞木为墙、木板为墙的。综上所述，充分说明了我国古代劳动人民采用因地制宜、就地取材的办法。

知识链接

万里长城的误解

由于朱元璋曾接受了朱升"高筑墙"的建议，在他正式建国号的第一年洪武元年（1368年）就派大将军徐达修筑居庸关等处长城。洪武十四年（1381年），又修筑山海关等处长城，到1600年前后经过了二百多年的时间才基本完成了万里长城的修筑工程。而一些个别城堡关城一直到明末还在修筑。这一东起鸭绿江，西达嘉峪关，全长一万四千六百多里的长城，其中从山海关到鸭绿江这一段长城，由于工程比较简单，毁坏较为严重。而从山海关到嘉峪关这一段工程较为坚固，保存较为完整。又有两个关城东西对峙，所以长期以来就被一般人误称之为东起山海，西到嘉峪的万里长城了。

风沙下的断壁残垣

　　"大江东去,浪淘尽,千古风流人物。故垒西边,
人道是,三国周郎赤壁。乱石穿空,惊涛拍岸,卷起千
堆雪。江山如画,一时多少豪杰。"苏轼的这首怀古
词,流传千古,曾引起无数文人的心灵共鸣。但是,他
们或许想不到,一些曾在历史上显赫一时、繁荣昌盛
的古城,到后来便逐渐在历史中消逝,只留下断壁残
垣供人凭吊。

第一节
黄土上的城墙遗迹

仰韶文化壕沟遗址

考古学家在中国境内发现的原始人群活动的遗迹很多，目前发现的最早的大型文明遗址，有可能与黄帝有关的是河南灵宝地区的仰韶文化遗址。它成为中华文明探源工程的重点考察项目。在灵宝市的铸鼎原方圆 300 多平方千米的范围内，已经发现古文化遗址 30 多处，以及传说中黄帝时期的大型红陶鼎足、玉璧、玉圭等多件祭祀品。在黄帝庙周围发现的周长 500 多米的灰沟，预示了大型圆形祭坛的迹象，极可能是"中华第一祭坛"。在灵宝西坡遗址，人们还发现了大型墓葬、大型房屋基址，那里出土的玉璧，应该是中国玉文化的源头之一。那时先民们为防卫外敌入侵而挖掘的壕沟，可能是后来筑城防卫的雏形。在古代，建城墙往往和挖护城河同时进行，挖壕沟取出来的土就是夯筑城墙的材料，壕挖得深，城墙也就筑得高，这是流传几千年的筑城办法。壕沟也是中国传统城市的基本防卫设施之一，用壕沟阻止外敌侵入的方法早在半坡遗址中就已发现，但半坡遗址仅仅是以几十户人家为单位组成的氏族村落，还没有进入城市时代。

陶寺遗址

在中华文明探源工程的重点研究过程中，考古学家逐步认识到，最典型的中国远古城址可能是山西省襄汾县陶寺村南的陶寺遗址。陶寺遗址的年代在公元前 2500 ~ 前 2100 年，距今已有 4500 年的历史。这是中国已经发现的

最早的大型城址，城墙南北长约
1800 米，东西宽约 1500 米，总
面积有 300 余万平方米。

陶寺遗址包括早期小城、中
期大城、中期小城三部分，其中
中期大城面积达 280 万平方米，
是我国目前发现的最大的史前城
址之一。城内有宫殿区、仓储
区、祭祀区等。宫殿区的大小宫
殿排列有序，而且所有宫殿都建
筑在用夯土筑起来的高高的台基

蟠龙纹陶盘

上面，这是以后数千年中国宫殿、衙署和庙宇建筑经常采用的建筑模式。祭
祀是中国古代城市的重要活动，《左传》记载说："圣王先成民，而后致力于
神"，把卫民和祭祀当成筑城的两件大事。在陶寺城南一带发现了 1300 多座
规格不等的大型墓葬群，表明这里曾经是人口众多的地方。

陶寺出土的文物众多，其中最为著名的是制作精美的彩绘蟠龙纹陶盘和
一把保留了毛笔书写符号的残破陶制扁壶。龙自古就是中国文化中重要的图
腾象征符号，古代中国的许多部族都把自己看成是龙的子孙。有的学者认为，
该把扁壶上的朱书符号就是早期的文字，有的认为是"尧"字的早期写法
（陶寺的"陶"字，在古代的另一个读音就是"窑"，与"尧"同音的字还有
"爻"，这是与该扁壶上的符号最近似的字之一）。当然，也有人还有别的
看法。

蟠龙纹陶盘是华夏龙文化的象征，朱书符号可能是一种比甲骨文更加早
的文字。陶寺发现的大量文物和陶寺城垣的规模，证实了陶寺城邑的巍峨雄
伟。陶寺墓葬区还发现了可能属于王的大型墓葬，特别是宫殿区、祭祀区、
仓储区和墓葬区等不同功能区域的划分，更让考古学家们有理由认为，陶寺
遗址应该就是尧都平阳的所在地。

在陶寺遗址的考古发掘之前，尧都平阳仅仅被人们认为是一个传说而已。
陶寺遗址的发现，有力地证明了这里在 4500 多年前就是一个大型城郭，也基
本肯定了尧都平阳的历史事实。从此陶寺成为名副其实的"中国第一城"。

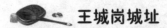 王城岗城址

　　王城岗城址位于河南登封东南告成镇西，南临颍水，东隔五渡河有东周阳城城址。

　　河南省文化局文物工作队于1975年开始在这里进行考古调查。1977年春，发现龙山文化城址夯土遗存的重要线索，后与中国历史博物馆考古部合作，由安金槐主持，进行了大规模的考古发掘，考古发掘工作到1981年告一段落。

　　王城岗城址分东、西两城，现在仅仅只有部分城墙基础槽及槽内夯土层，墙体已难以见到。东城残存西垣南段约65米，南垣西段约30米，其相交处即西南城角内侧呈凹弧形，外侧呈凸弧形，向外凸出2米左右。基础槽口宽4~6米不等，且向底部内收。西城以东城西垣为东垣，南垣东端与东城西南角之间有一段长9.5米的缺口似为西城的城门设施，南垣长82.4米、西垣长92米、北垣西段残存29米。其西南、西北城角与东城西南角形制大体相似。基础槽口宽3~5米不等，且向底部内收。城内面积约1万平方米左右。在中西部及东北部发现多处与城墙属同一时期的夯土基址及填埋有人骨架和人头骨的奠基坑等。此东、西两城都是在王城岗龙山文化二期修筑和使用的。从残存的种种迹象来看，当是东城修筑在前，其被河水冲毁后，又利用东城西垣作为西城东垣修筑西城。

 二里头遗址

　　二里头遗址位于河南偃师西南约10公里洛水南岸（洛水故道在其南）。1959年秋，中国科学院考古研究所赵芝荃等开始发掘，其后，考古工作一直未曾间断。

　　二里头遗址南北长约2000米，东西宽约1500米，地面上有四处较高。其中最大的一处在遗址中部，面积约12万平方米，已探出数几十座宫殿基址，占地约8万平方米。在宫殿周围发现一般房屋基址、墓葬及青铜器作坊、制骨作坊遗址、烧制陶器的陶窑等。其时代大致在公元前1900~前1400年间。已发掘的1号宫殿基址平面略呈正方形，面积约1万平方米。中心殿堂

古城遗址

平面呈长方形，东西长约 30 米、南北宽约 11 米，坐北朝南，为四坡屋顶式建筑。堂前为庭院，四周为廊庑，南面设门。其东北部有 2 号宫殿基址，平面呈长方形，东西宽约 58 米、南北长约 72 米。中心殿堂平面呈长方形，东西长约 32 米，南北宽约 12 米，坐北朝南。庭院在前面，后有一座与之同期的大墓。东、西、北三面有夯筑墙垣，南面有带东西塾和穿堂的庑式大门。修筑时间均属二里头文化三期，约在公元前 1700～前 1600 年间。这里迄今未发现有城墙。

城子崖城址

城子崖城址位于山东章丘龙山镇东武源河畔的台地上。

1930 年冬，中央研究院与山东省政府合组山东古迹研究会，由李济主持在此进行首次发掘，参与者有董作宾、郭宝钧、吴金鼎、李光宇、王湘等。1931 年 10 月，又由梁思永主持了第二次发掘，有吴金鼎、刘屿霞、王湘、刘锡增、张善等参加。

就两次发掘所获，由傅斯年、李济、董作宾、梁思永、吴金鼎、郭宝钧、

龙山文化的黑陶

刘屿霞七人编著了《城子崖——山东历城县龙山镇之黑陶文化遗址》一书，于 1934 年在南京出版。据此书第三章"建筑之遗留"可知，围绕遗址的城墙似为一南北长约 450 米、东西长约 390 米、方位恰正的长方形，东北角已被破坏，残存城墙高 2～3 米。东墙南端基宽 10.6 米。城墙的建筑程序是先在地面上挖成一道宽约 13.8 米、深约 1.5 米的圆底基沟，而后将沟用生黄土层层填满，筑成坚固的墙基，在墙基上再建筑墙身。墙基不是全部建筑在生土上，有一部分是筑在含黑陶的土层上。墙身靠里面的一侧以黄土筑成，靠外面的一侧用灰土建成，可判明里侧之黄土是后加的。此墙当为黑陶时期（即遗留下层遗物）之城子崖居民所筑，并且是在城子崖住了相当长时间后才开始修筑的。在附录"城子崖与龙山镇"中，董作宾又进一步推测黑陶文化时代约当夏之中叶至殷之末叶，即在公元前 2000—前 1200 年之间。此"黑陶文化"后以该遗址名称作龙山文化，并以漆黑光亮的蛋壳陶而闻名。

进入 20 世纪 80 年代，随着山东地区龙山文化至岳石文化（相当于夏代）发展序列的确立，城子崖遗址的内涵、性质等问题又被重新提起。为此，自 1989 年起，山东省文物考古研究所张学海等对城子崖遗址又进行了复探和试掘，至 1992 年告一段落。

在复探中找到 1931 年发掘的探沟，证实当年认为是龙山文化的黑陶期堆积层实际上属于岳石文化，因此推断，这座面积约 17 万平方米的古城修筑和使用的年代当在夏代。再根据在此城周围新发现的下层城墙遗迹则可判明是属于龙山文化时期。龙山文化城北垣弯曲，中部呈弧形并且明显向外突出，其余三面城垣平直。城东西长 455 米，南北最大距离为 540 米，面积 20 余万平方米。残存的城墙深埋于地表以下 2.5～5 米，残宽 8～13 米。城墙由堆筑、版筑结合筑成，拐角呈弧形，属台城类型，墙体壁面外陡内缓。其南、北两门互相对应，有通道加以相连。随着时间的发展，建于公元 2600 年左右的城垣经过人们的不断修筑，其使用时间贯穿了龙山文化的全部时期。而龙山文化和岳石文化城址在层位上互相衔接，不存在间歇层，这在器物演变上即可窥见一斑。此为一座时跨龙山文化和夏代两阶段的早期城址。其上层残存有春秋时期城址，沿岳石文化城垣两侧而筑。

古城洛邑遗址

周武王克商后，以河南洛阳为天下之都，遂营建洛邑以为东都。成王时复营洛邑，而以周公、召公主其事。洛邑位于洛水之北，西临涧水、东濒瀍水。另在瀍水之东筑城以居所迁殷民。西周末年，犬戎攻杀幽王。平王即位，迁国都于洛邑，而后又称王城。其为汉河南县城所沿用。

1954 年，由郭宝钧主持，中国科学院考古研究所开始对洛阳地区古城址进行勘察和发掘，先后发现汉河南县城及东周王城址。汉河南县城位于涧水东岸，周长约 5400 米，南北两墙相距约 1410 米，东西两墙相距约 1485 米，墙基宽度平均在 6.3 米左右。西垣北段折曲多弯，南段平直。北垣下压有战国时期墓葬，夯土中发现有"河市"字样的陶片。东周王城位于汉河南县城外。其北垣墙基大体保存完整，呈直线状，全长 2890 米，墙宽 8～10 米，大部分筑于生土之上，有的地方压有晚殷灰坑。城外有护城河遗迹。西垣北端与北垣西端相接，向南至东干沟处中断，墙宽 5 米左右，亦筑于生土之上，压有晚殷灰坑。另在其南王城公园一带发现的汉河南县城西垣下层亦包含有殷代及殷代以前遗物，压有殷代灰坑。在此西垣中部向东折曲处发现一段西向残基即残基Ⅰ与之相连。此段残基长约 100 米，西端到涧水东岸断绝，筑于殷代文化层中，墙基下压有一座西周初期墓葬。发掘者认为，其城墙建筑的情况、宽度、地层关系、夯土内含等都和西垣北段相似，应为同一时代的遗迹。其南侧有护城河遗迹，北侧附筑有残基Ⅱ、残基Ⅲ。残基Ⅲ跨过涧水向西延伸，又向南折，在兴隆寨村北再折向东，至瞿家屯以东中断。其修筑时期在战国以后，另成一个范围。在瞿家屯以东城墙中断处，另发现一段北折城墙遗迹，长 30 余米。其夯土墙下压有三个殷代灰坑，地层情况与西垣北段相似。东垣自北垣东端向南（北垣与东垣转弯处的夯土已断），残存长约

1000 米、宽约 15 米，筑于生土之上，夯土内出夹砂粗绳纹陶片。其以南亦发现有夯土墙遗迹。

　　关于王城城址的时代，发掘者因将在兴隆寨北所发现的一段城墙判定为西垣南段与西南城角，故推测其当属东周时期王城。而实际上，如果将此一范围内后期修筑的城墙区分开来，则整座大城的修筑年代可明确断定为西周时期，当为周初所营建的洛邑之所在。其北垣、西垣墙基下既压有晚殷灰坑，始建于周初是完全有可能的。北垣当即洛邑之北垣。其西垣北段似呈直线状延伸，与残基Ⅰ西端相接，残基Ⅰ又东与汉河南县城西垣南段相接，再向南延伸，与瞿家屯以东的一段南北向城墙相接，是为洛邑西垣，其长约 3200 米。原涧水当绕流于西垣之外，可能是由于涧水流势所致，城墙中部略有折曲。其东垣应为洛邑东垣，当继续向南呈直线状延伸，与南垣东端交汇。因洛水河道向北漂移，南垣已不复存在，就河道流向推测，其走向亦当略偏于东北。

　　据《逸周书·作洛》载："乃作大邑成周于中土，城方千七百二十丈。"又《考工记》载："匠人营国，方九里。"二者所记相合，当皆指洛邑即王城的规模。依周时一尺合今约 19.7 厘米计，其方九里即 1620 丈，合今约

洛邑遗址

3191.4 米，较之今所测知王城城址北垣之长约 2890 米长出 300 余米，而与以上所推测的西垣之长约 3200 米大体相合。或其所记是偏指南北之长。兴隆寨以北所发现的城墙为战国以后修筑，不应计算在内。汉代重修河南县城，其西垣当有一部分利用原洛邑外郭西墙，东部当大部分沿用王宫旧址，王宫南垣当与汉河南县城南垣东段重合。而汉河南县城北垣夯土中发现的带有"河市"字样陶片，表明此一带原为"市"之所在。如此，则王宫北垣当在汉河南县城北垣之南，以合于"面朝后市"之制。

自 20 世纪 80 年代以来，中国社会科学院考古研究所又在王城遗址内西南隅瞿家屯一带发现南北两组大型夯土建筑基址。其北组基址四面环有夯土围墙，东西长约 344 米，南北宽约 182 米。南组基址平面亦呈长方形，分为东西两大部分，残存有西墙及南墙遗迹，并出土大量板瓦、筒瓦和饕餮纹、卷云纹瓦当。洛阳市文物工作队在涧水西岸发现一段东西向城墙，与涧水东岸王城城址北垣成一直线，发掘者判断其为北垣西段，已发掘 37 米。此段城墙上压有战国晚期文化层，下压有东周时期灰坑，大约修筑于战国时期。在瞿家屯附近发掘一处大型夯土建筑基址，平面呈长方形，东西长 55 米，南北宽 30 米。夯土上层出土大量东周、西汉时期的建筑材料。其南部、东部临近规模巨大的战国粮仓遗址。此当为战国时期扩建外郭城和新建宫殿之遗存。

新店石城址

新店石城址位于赤峰西北约 30 公里，属第二组石城址群。其平面略似三角形，只在北、东两面缓坡的地方建墙，而南、西两面为陡峭的山崖，未建城墙。经发掘的一段城墙，残高 2.5 米、顶宽 3.8 ~ 4.2 米、基宽 4.8 米，中为夯土，宽 1.7 ~ 2.5 米。内外两侧各垒砌 0.6 ~ 1.2 米宽的石块。在北墙外侧发现 6 座半圆形石建筑，间距为 4 ~ 15 米；东墙外侧发现 2 座半圆形石建筑，间距 30 米。经发掘的半圆形石建筑宽 5.8 米、长 3.8 米、残高 0.3 ~ 1.5 米，用石块垒砌而成，中心留有半圆形空间未砌石块，宽 1.4 米、长 0.7 ~ 0.9 米。建造半圆形石建筑是先在地面挖一半圆形土穴，深 0.3 ~ 1 米，穴内垒砌巨石，然后再分层垒砌而成。此类半圆形石建筑类似后世城墙的马面。在城址西北处有巨石垒砌的石阶，东南处的缺口有铺石的通道，当为门址。其城内面积约 1 万平方米，至少尚存石砌建筑基址 60 座，城外发现石砌建筑基址 18 座。

西山根石城址

西山根石城址位于新店石城址西约 10 公里，属第一组石城址群。

城址平面略呈方形，为南北相连的两城，先建南城，后建北城。南城只在北、东两面建墙，南、西两面为山势险峻的山崖，未建墙。北城的北、东、南三面建墙，西南面为南城，未再建墙。经发掘的一段石墙，顶宽 0.8 米、基宽 1.4～1.6 米，从墙外量残高 2.5 米。墙建于经夯打的生土之上，全用石块垒砌。在南城东墙外侧发现有半圆形石建筑 3 座，在北城北墙和南墙各发现半圆形石建筑 2 座。其城内面积约 1 万平方米，发现石砌建筑基址 72 座。

大甸子城址

自 1974～1983 年间，由刘观民、徐光冀等主持，中国科学院考古研究所和辽宁省博物馆考古队等对敖汉旗东南约 60 公里的大甸子遗址和墓地进行发掘。

大甸子遗址位于大甸子村东南台地上，形似圆角长方形，南北长 350 米、东西宽不及 200 米，面积约 6 万平方米。其西、北两侧是水土流失形成的沟崖，东、南两侧是陡坡，边缘的地表耕土以下有一条夯土围墙。在东北侧边缘的夯土墙探沟中可见，夯土墙为一次筑成，夯土是红色和黄色生土夹破碎的钙质结核混杂夯筑而成。现存墙顶至墙底垂直高 2.25 米、墙底宽 6.15 米，墙内外立面皆有收分，墙体内外两侧在生土之上有一层护基夯土，墙外为壕沟。在西南部夯土围墙发现一处门址，门道底宽 2.25 米，中央有一条碎石块铺砌的路面，路面宽 1.25 米。门道两侧已经过选择但未建有凿琢加工痕迹的石块垒砌，其形态与夏家店下层文化石砌建筑物相似。在围墙外东北部墓地已发掘夏家店下层文化墓葬 800 余座。

由上可知，夏商城址的分布范围大体上与史前城址相当，且一脉相承，诸如城子崖及阴湘城等城址是从史前一直沿用至夏代以后，而三星堆城和夏家店下层文化城在建造方法等方面亦深受其他史前城廊的影响。《吴越春秋》记："鲧筑城以卫君，造郭以守民。此城郭之始也。"夏代前后，都城的修筑已发展到城外加郭，且两者在"卫君"与"守民"上职能分明这样一个新的

古城墙

阶段。"商邑翼翼，四方之极。"商代王都规模宏大，显示了其国势之强盛。

知识链接

凤阳城墙

安徽省凤阳县的明中都皇故城，始建于明洪武二年（1369 年），在中国古代都城建筑发展史上占有重要位置，是后来营建南京故宫和北京故宫的蓝图。600 多年前造就了中国历史上一代农民开国皇帝——朱元璋，开创了明王朝，营建了大明王朝第一座都城，享有"东方巴比伦"之称。中都城共有内、二、外三道城墙："外城"周长30.36公里；二道城称"禁垣"，周长7.67公里，高2丈；内城称"紫禁城"，周长3.68公里，近似方形，高15.15米，墙底宽6.9米、顶宽6.4米。中都皇城为最里面一道城，周长3.68公里，平面近方形，规模比北京故宫还大10000多平方米。中都城（罢建后）有9座门、28街、104坊、3市、4营、2关厢、18水关。其布局严格遵守传统的对称原则，重点突出的是中轴线上宫阙的建筑布局。

第二节
精绝古城墙

宋墙"博物馆"

　　赣州历史悠久，早在汉代，高祖就在赣江上游设立赣县，又名赣州（今蟠龙镇一带），从此成为赣南政治、经济、文化中心。到了宋代，古代赣州迎来了它最繁荣的时期。当时，在宋与辽、金的对抗过程中，西域丝绸之路严重受阻，中国对外贸易的通商渠道只好改走水上丝绸之路，即通过大运河，进入长江，然后经赣州至大余，越梅关古驿道，过广东南海，往南洋，转欧亚各地。赣州就成了"水上丝绸之路"的重镇，一时间出现了"商贾如云，货物如雨"的空前繁荣景象。当时，赣州成为长江、珠江、闽江三大流域的交通枢纽，被列入全国三十大名城行列，成为南方的一个经济、文化重镇。

赣州的规模和格局，就是在那个时期形成的。其中古城墙、古浮桥、古瓷窑、古街道和福寿沟成为今天宋城文化的代表。

赣州的砖城墙是中国唯一一处保留完好的宋代城墙，其他城市如西安、南京、平遥、荆州等地的城墙都是在明代朱元璋采纳朱升提出的"高筑墙，广积粮，缓称王"的建议以后才开始改用砖石修筑的。与明代城墙不同的是，赣州城墙上有数以万计的"铭文城砖"，有记事的、记人的、状物的等，多达500多种，这在全国是独一无二的，它如同一部史书，记载着古城的历史兴衰。

阅读这些城砖上面的铭文，触摸砖墙的质地，你就可以感受到宋代朝廷对这一方土地的重视程度。海上丝绸之路带给朝廷源源不断的财富，同时朝廷也要不遗余力地保障这座城池交通的畅通。于是就有了浮桥，有了福寿沟。

宋代时，赣州一共修建了3座浮桥，分别是北宋熙宁年间建造的西津桥；南宋乾道年间架设的东津桥，也就是现在的建春门浮桥；还有南宋淳熙年间架设的南河浮桥。这三座浮桥一直被延用到现代，它们不仅在便利交通方面发挥了巨大作用，而且还起到了"锁江"的作用。古时，浮桥定时开启，就

赣州的砖城墙

像关卡一样，对过往商船查验税票后放行，既保障了交通的秩序，也有效保障了政府的税收。如今，当年车水马龙的景象已经不再，然而，脚下潺潺的江水和吱吱作响的木板仍旧向人们诉说着当年的故事。

城墙"叠罗汉"

开封古称汴梁，位于河南省东部，地处豫东大平原的中心。城区内分布着包公湖、龙亭湖、西北湖、铁塔湖、阳光湖等诸多湖泊，因此享有"一城宋韵半城水"的盛誉。

其中，"宋"指的就是建都开封的北宋王朝。然而，在此存在长达168年之久的北宋京都汴梁，竟然在盛极之后神秘消失了。寻找这座中国历史上最为重要的都城的下落，成为中国考古学界的一大难题。

20世纪80年代，在河南省开封市龙亭湖的清淤工程中，一次意外的发

开封的古城复原建筑

现，让现场施工停了下来。

在清淤的过程中，施工人员发现了一些零星的瓦片和古代建筑的遗址，河南省文物局立即对龙亭一带进行了抢救性的发掘。有人猜想，这会不会就是《清明上河图》中描绘的东京汴梁城呢？接下来，考古人员根据出土文物判断，这是一座沉寂了600多年的古城遗址。

大规模的"宋城考古"从此拉开了帷幕，东京城终于呈现在考古工作者面前。考古发掘情况表明：北宋东京城是一个东西略短、南北稍长，由内向外依次筑有皇城、内城、外城，并各有护城壕沟的都城。它不仅城高池深，而且墙外有墙，城中套城。周长近30公里、面积达50多平方公里的外城遗址全部淤埋于地下2～8米的深处，在对外城西南角的考古发掘过程中，发现外城城墙仍残高8.7米，城墙底宽34.2米，顶宽4米，版筑的城墙异常坚硬。

在寻找宋城的过程中，还意外发现了很多上下叠压在一起的其他城址，由此揭开了传说中开封城下"城摞城"的神秘面纱。

北宋东京城的皇城遗址所在地在现在开封龙亭景区地下约8米左右，它分别与金皇城和明周王府紫禁城遗址相叠压。内城是东京城的第二道城墙，它在唐代汴州城的基础上修建而成。根据考古工作者的精心测量，北宋内城较现存的开封明清城规模稍小一些，其东西墙坐落在唐汴州东西墙之上，上层又与明清开封城相叠压。

为探明宋金城墙的结构和叠压关系，考古工作者在宋内城北墙西段进行了考古发掘工作。发掘情况表明，明、金、宋三座城墙自上而下叠压在一起，城墙虽系夯土版筑而成，但夯层、夯窝之间的区别十分显著。明周王府萧墙遗址至今淤埋于地下3～5米深。从周王府紫禁城北墙的城墙解剖情况看，发现城墙分为两部分，部分为明周王府紫禁城北墙，部分为宋皇城北墙，两墙交相叠压，有力地证实了明周王府确系利用宋宫旧基建造而成。

不仅如此，考古勘探还证实，位于"城摞城"最底部的唐汴州城，其东西墙叠压在北宋东西内墙的东西墙下，南北墙则由于金代后期的毁坏，残墙淤埋于现地表下10～12米深处，城墙残高1～3米、残宽10米左右。

除了"城摞城""墙摞墙"，考古过程中还发现了很多"路摞路""门摞门""马道摞马道"的新奇现象。

后来，考古工作者在开封城墙西门大梁门北侧发掘出一条晚清时期的古马道遗迹，并在其下深约1米处，一段保存完好、人行道清晰可见的古马道遗迹呈现在考古工作者的眼前。尤为让人吃惊的是，在第二层古马道下约50厘米深处，又发掘出一条砖层腐损严重、使用时间更为久远的古马道。三层古马道以立体的形式真切展示了开封城下"城摞城"的奇特景观，再次为"城摞城"现象的研究增添了实物见证。

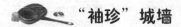 "袖珍"城墙

达濠位于汕头市东南，是一个面积80平方公里的海岛。它北接内陆，南临广澳湾，位于海上船只从南海进入濠江到达汕头的黄金水道。很多船只都会停靠达濠，或躲避风浪，或进行海上贸易。达濠古城建于清康熙五十六年（1717年），据今已有近三百年的历史。古城的总面积只有1.4万平方米，相当于现在的一个半标准足球场大小。城墙加起来也不过429米长。

赤港、达埠、青蓝俗称"达濠三乡"，如今在这些村寨里依然能看到和达濠古城一样坚固的寨墙，而且每一个寨门两旁的石柱上都有许多方形的石槽。这些石槽起保证安全的作用——晚上要关寨门的时候，将一根根木条左右插进石槽中，封闭寨门，可以防止并抵御海盗的袭击。

达濠岛山多田少，这里的居民一直以打渔和生产海盐为业，然而出海打渔只能勉强维持生计。由于海上风浪变幻莫测，海难时有发生。每当男人们出海打渔时，女人们就会来到神灵面前，祈求平安。

在达濠岛上的青州盐场，依然保留着采用传统方法大规模生产海盐的工艺。每天清晨盐工们都会将海水引入盐田，然后撒上盐卤，晒制海盐。盐工们盼望能有一个好天气，这样海盐就能晒得又快又好，否则的话，一场大雨就会使许多天的辛苦化为泡影。守着打渔和晒盐这两个靠天吃饭的营生，居民的生计本来已难以为继，再加上海盗和倭寇不定时地侵扰，可谓苦不堪言。

作为达濠的地方官，许颖深知居民生活的艰难，这份理解和担忧将他置于两难的境地。作为享受俸禄的朝廷命官，他理应按照朝廷指示修建城池。可实地考察之后，不难发现大兴土木的诸多弊端：一是不方便靠潮汐劳作的渔民出入；二是以渔盐为业的居民生活极其贫困，耗资巨大，兴建工程实在是劳民伤财。为了既能给上司一个交代，又不让百姓蒙受损失，许颖便想出了一个两全之策——他组织修建了一座袖珍小城，工程小，花费不多。于是不到一年时间，一座方方正正的袖珍城池就出现在达濠岛上。

达濠古城

　　达濠古城虽然不大，却将"麻雀虽小，五脏俱全"发挥到了极致。古城建成后，迅速成为达濠岛政治、军事、经济的管理中心。城西设"水师左营守备府"，相当于现代团一级的军事指挥部；东面设"招宁司巡检署"，即现在的公安局；城北则设"招收盐场"，相当于盐务局。位于东、西、北向的三个机构形成鼎立的"品"字形布局。

　　古城城墙高5米，厚1.3米，周长429米。古城至今保存完好，这得益于坚固的城墙。城墙质料的致密程度超乎我们的想象，即使钉一根钉子在墙上都非常困难。历经三百年的岁月侵蚀依然安然无恙、固若金汤，达濠古城的城墙究竟是用什么材料制成的，为什么在古城的城墙和周围民居的院墙上经常可以看到贝壳呢？

　　原来当年许颖奉旨建城之初，并不十分熟悉当地的情况，本想使用当时常规的建筑材料，即青砖或者石块来建造。可百姓们告诉他达濠本地有一种独特的质料，用贝壳和黄黏土混合筑墙，坚固无比且造价更低。这种达濠特有的建筑材料叫作贝灰砂。它的生产方式非常简单：在地上挖一个8米见方的土坑，然后在底部铺上砖块，砖块上堆放着收集来的贝壳，下面则用稻草引燃煅烧，待贝壳烧成粉灰状以后，再加入粗砂和黏土制成砖块。许公闻听之后喜出望外，当即采纳了百姓的意见。达濠古城正是由这种贝灰砂和煮烂的糯米浆调黏夯筑而成，因此十分坚固。所以，达濠古城的城墙上至今还可见贝壳和黄黏土的痕迹。

在离达濠古城不远的汕头海边，有一座崎碌炮台。崎碌炮台扼住汕头海湾出入口，地理位置十分险要，是清代粤东地区的主要海防建筑。

石炮台始建于清代同治十三年（1874 年），光绪五年（1879 年）竣工，历时 5 年，耗资 8 万两白银，至今已有 100 多年的历史。两次鸦片战争先后爆发，汕头是当时十个通商口岸之一。由于外国商船纷至沓来，加上海防松懈，当时驻潮州总兵方耀顺应民意，以"邻分不净，潮海严防"为由，奏请清廷建筑崎碌炮台。与达濠古城相似的是，崎碌炮台的建材选择也非常具有地方特色，主要以贝灰砂、煮烂的糯米饭及红糖浆调制夯筑而成。大门、炮巷均采用花岗石块砌筑，因而俗称"石炮台"。

炮台总面积 1.9607 万平方米，其中城堡面积 1.0568 万平方米，有一条宽

汕头海边石炮台

23 米、水深 3 米的护台河环绕炮台一周。炮台分上、下两层，各设 18 个炮位和若干枪眼，底层的炮巷 4.1 米，长 300 米，深邃迂回。炮台内广场直径 85 米，全台直径 116 米，外墙高 6 米，内墙高 5.15 米。炮台内有一道 27 级波纹形石阶，设计巧妙实用，便于炮械循级推上台面。台面上有 72 个通风报花塔，每三个为一组，呈"品"字形鼎立。它是炮塔上下传达信息及供底层通风采光之用。炮台东北面有一月牙形点将台，用于指挥及观看兵丁操练，在点将台的西北角有一条螺旋石台阶通往炮巷。台阶较隐蔽，便于作战时疏散及向台面运送弹药。石炮台坚固严密，炮台里的火炮最大的一座为五千斛前膛洋炮，射程"可达十五六华里"，对入侵者有一定威慑作用。一个炮台的布防如此缜密，然而我们却发现在达濠古城的城墙上并没有修建炮位，那么这座古城是如何抵御敌人的呢？

沿着达濠古城上的步道绕古城一周，可以发现沿城有两座角楼。事实上，古城的修建者许颖本来在城的四角分别建筑了角楼。每个角楼在 10 平方米上下，可驻兵 6 人左右。每个角楼都有几个"箭眼"，角楼里的士兵就是透过箭眼向外观察，站岗放哨，观察敌情。

由于广澳湾和濠江之间有东屿、西屿两座小岛扼守门户，在广澳湾进入达濠岛的必经水道，海面会突然间变得狭窄起来，因此这里又被当地人称为"门嘴"。沿着这条水道从广澳湾坐船进入达濠岛，在达濠岛西南方向的营盘山上发现了一些城墙的遗迹。这不禁让人产生疑问，难道那里也有一座古城吗？

营盘山上的城墙遗址究其实质是一座古炮台。当年的修建者许颖根据达濠岛的地形，在地势险要的地方建了十几个炮台和汛营，也就是现在的哨所，和达濠古城一起构成了一个坚固无比的立体的防御工事。在崎岖曲折的山路上，一块刻有"威武寨"三个大字的石碑矗立在山间。

如果走近观察，可见"威武寨"三字旁标明年代的字迹已模糊不清，几乎难以辨识。但康熙的"康"子却依稀可见。"威武寨"就是这个炮台的寨名。这个炮台是达濠环岛的几个炮台中最大的，因其所处的位置非常险要，所以也是最具代表性的。

据史料记载，河渡炮台原设营房 11 间，驻有士兵 22 名，大炮 6 门，扼守着南海进出达濠岛的门户。沿着炮台的步道，可以登上营盘山的山顶。

河渡炮台刚好扼住濠江的出海口，从广澳湾进港或从达濠出海的船只都必须经过这里。海盗进入达濠必须经过这条水道，如果海盗倭寇胆敢航行至此，两方的炮台速成夹击之势，他们的船只将悉数进入炮台的射程之内。

达濠古城及其相关海防设施的建立，极大地加强了达濠岛的防御能力。从此，达濠岛上的居民再无海盗劫掠之苦，过上了平静安定的生活。按照原本的规划，朝廷下拨了大量银两用于修筑统治者心中高墙碧瓦、气势恢宏的城池，然而许颖却自作主张，修筑了这样一个弹丸小城。难怪有人怀疑许颖侵吞了剩余的款项。

事实上，许颖不但没有侵吞朝廷的专款，还利用这笔款项做了一件利在千秋的大好事。许颖根据达濠鱼岛附近的环境，修建了一条20多里的长堤，基本上解决了困扰海岛居民千百年的潮水之患。这条长堤至今还在发挥作用。

千年古城墙

汝南，上自秦汉，下至明清，历史十分悠久，一直是郡、州、军、府衙署所在地，为豫南政治、经济、文化的中心。

汝南城郭坚固无比，城墙高大厚重。外墙砖石结构，内由黄土夯成。高两丈有余，宽丈余，其上行车走马均可来去自如。城有东、南、西、北四关，每道关都是两道城门，中间为瓮城。每座城门上都修有城门楼，周围还分布着碉堡。东关尤为奇特，有五道城门，在大石桥外。与其对应着的北应街和南应街还分别修有城门。

汝南之所以得名，是因为：据史料记载，汉高祖刘邦于公元前203年置汝南郡，因其大部分地域在汝河南岸而得名。隋大业三年，在这里置汝阳县。民国二年（1913年），汝宁府废汝阳县，改为汝南市，后又改汝南县。从此，这个名字一直沿用至今。

古代，汝南又名悬瓠城，郦道元《水经注》曾有记载："汝水东经悬瓠城北，形若垂瓠，故取其名。"根据这段记载我们可以对古代汝南的概貌有个大致认识。这里地处古豫州之中，既能北进汴洛，又可南下荆楚，军事地位极其重要。

汝南县城古老的北城门至今雄风犹存，出城门向北，是一条流淌了千年的河，古河三面抱城，自西向东缓缓流过。古河在漫长的历史时期内始终流淌，每当落日时分，河面点点金光，静静流淌的古河默默记录着历史的点点

汝南城

滴滴。

　　汝南城古老的城门上写了两个字"拱北"，天中山正好在城楼的正北面，这是有意的设计。当时周公定了天中以后，就建立了一个类似"群星拱北极"格局的城市，整座都城讲究"天心地胆"的建筑格局，这样就使人们的生活空间更加符合自然哲理，更有益于后世子孙的繁衍。人想长寿需要养生，国家想长治久安也需要"养生"。天时、地利、人和，自古以来就是休养生息需要遵循的规律。顺应自然，方能取万物之精华。古人早已深谙此道，择天中而建都就是例子。

　　"群星拱北极"的格局也是中国都城建筑布局最初的雏形。史书记载，汝南东南是桐柏山，西南是伏牛山，都城就建在两山环抱之中，外围还有一条汝河环绕。这种建筑格局影响了中国以后几千年的都城建筑形式。今天的北京城，假如以景山为坐标的话，那么故宫天坛也是在南面，北京城外同样有护城河环抱。中国的大多数城市都采取了外城环水，内城中心对称的建筑模式。慢慢地，这种由"群星拱北极"演化而来的中轴线建筑模式就成了中国建筑的一大特色，因此，汝南城的这座"拱北门"有着很深的文化意蕴。

除了"拱北门"，汝南还寺庙遍地。从唐代开始，汝南城里就建起了规模宏大的寺庙。如悟颖寺，还有后来的法海寺。人们选择在这里大兴土木，广建寺院，就是考虑到这里独一无二的地理位置。不知是巧合还是寺庙的主人传承了中国古老的建筑形式，汝南寺庙的建筑格局就像是浓缩了的汝南城。尽管史书中并无明确记载，然而，汝南城的建筑格局实实在在地影响到了豫州的宗教和社会生活的许多领域。

知识链接

凤凰城墙

　　湖南凤凰城的凤凰古城墙，始建于清康熙四十三年（1704 年），现存北门城墙，后又经修复，整个城墙连接北门城楼与东门城楼之间，前临清澈的沱江河。城内青石板街道，江边木结构吊脚楼，以及朝阳宫、天王庙、大成殿、万寿宫等建筑，无不具古城特色。凤凰古城分为新旧两个城区，老城依山傍水，清浅的沱江穿城而过，红色砂岩砌成的城墙矗立在岸边，南华山衬着古老的城楼，城楼建于清朝年间，铁门锈迹斑斑。北城门下宽宽的河面上横着一条窄窄的木桥，以石为墩，两个人对面都要侧身而过，这里曾是当年出城的唯一通道。

第三节
被历史湮没的古城

邺城

邺城说起来还是春秋时齐桓公筑的，次属晋，后属魏。魏文侯时，派西门豹为西河守。当地的老百姓苦于每年地方三老、女巫为漳河河伯娶妇的勒索，非常困苦。西门豹先惩治了狼狈为奸的女巫和三老，取消了为河伯娶妇的陋习，引漳河水灌田，邺就以富裕闻名了。

曹操被封于邺，开始大力经营，除开渠把邺变为漕运枢纽外，还挖渠引漳河水直至铜雀台下，渠名长明沟，建安年间，除铜雀台外，还建了金虎台、宗庙，开挖了玄武池。据说铜雀台是为平定东吴后安置东吴美女大乔的风流场所，赤壁战败，曹操的美梦也破灭了。铜雀台高 10 丈，有屋 100 多间，用料考究，瓦细腻坚硬，可做砚台，大受后世书家称赏。造成之日，曹操曾命诸子登台作赋，曹植下笔成文，传为美谈。以后曹丕篡汉，迁都洛阳，仍把邺列为王业根本，与许昌、谯、长安、洛阳并称"五都"。

十六国时，后赵石勒以邺为都，他们破坏洛阳后，把洛阳的钟鼎、九龙、翁仲、铜锤、飞廉等搬往邺，过黄河时，一个大钟掉到河里，招募了 300 人下河打捞，拴上竹索，用了 100 多头牛才拉上来，陆上则用特制的四轮大车，只一条车辙就宽 4 尺，压到土里深达 2 尺，可见大钟之重。又在城南起造飞桥，花费不可计数，最后却未能造成。

石虎即位后，继续大兴土木，发 40 万人营造长安、洛阳，在邺城修东西两宫、灵风台等台观 40 余所，最著名的是城西北的铜雀台、金雀台和冰井台，号称"三台"，铜雀台是在曹操的基础上扩建的，又在其上建命子窟，在窟上建五层楼，总高27丈，做铜雀于楼尖，展翅欲飞。余二台各高8丈，有100多间房屋，冰井台中冰井深15丈，藏冰和石墨。由于各台均以城墙为基，城上建台，皆高耸入云。又发男女16万，运土筑华林苑和长墙于邺北，广长几十里，日夜施工，赶上暴雨，死了几万人。

邺全城周长24里，全包砖，分7门。凤阳门三台洞开，高35丈，又作层观于其上，最顶端放一只丈六铜凤。东城上立东明观，北城上竖齐斗楼，皆高耸入云，当其全盛之日，相隔六七十里，就可以看到它峥嵘的楼观。

公元349年，残暴如虎的石虎死了，其养子是汉人冉闵。冉闵灭后赵，改国号魏，知道羯族人与自己不同心，于是放手大杀羯人，一天就杀死数万人，前后杀死20余万人。3年后，燕幕容俊俘杀冉闵，攻破邺城，把石虎的尸体投入漳水，地点正是当年西门豹投女巫和三老之处。

此后北齐、北周又相继以邺为都，北齐君主荒淫残暴，文宣帝高洋发丁匠35万人营建三台，比石虎所造还要高大，后主高纬，以为君主奢侈是理所当然的事，更大造宫苑，他的嫔妃于诸苑中争相起造镜殿、宝殿、磈瑂殿，精雕细画，妙极当时。但他们喜新厌旧，不久便拆毁再造，"夜则以火照作，寒则以汤为泥，百工困穷，无时休息。"

北周时期，武帝宇文邕下诏说："伪齐窃居漳水之滨，世纵淫风，把精力放在雕刻装饰上，不是挖池运石，建人工山海，就是叠楼架阁，荡日凌云，

古城楼

怀暴乱之心，极奢侈之事，自古像这样只要有一条，没有不亡国的。"因此，他反其道而行之，把三台及北齐宫殿，一律拆毁，木石等可用之物，分赐下民。周大象二年（580年）由于战乱，邺城被彻底焚毁，人口南迁。隋时恢复邺县，唐时连邺县也没有了。

楼兰古城

唐人《从军行》中有言："青海长云暗雪山，孤城遥望玉门关。黄沙百战穿金甲，不破楼兰终不还。"诗句当然是够豪迈的，但当时楼兰已经在地理上消失了，诗中楼兰只不过是指西北边塞的少数民族敌对政权而已。

楼兰古城到底在哪里？人们早已说不准了，史书上那斑斑点点的几行陈迹，也渐被人们忘却了。但1901年起的一系列考古发现，却使人们又谈起了这个名字。

英国访古寻宝的考察队员们在尼雅和楼兰遗址的发掘，使一个深埋于流沙之下1600余年的古国——鄯善王国的面目呈现出来，一系列规模严整的城池、官署、烽燧、寺院、住宅、作坊、墓地，尤其是大批木简残纸，揭去了这座古城的神秘面纱，原来这就是历史上不解的谜底——楼兰古国，外国人称为"中亚的庞贝城"。

楼兰是西汉（甚至更早）到十六国时期在西域罗布泊西岸的一个少数民族国家。古时从长安出发，沿丝绸之路经河西走廊，出玉门关，穿白龙堆即进入楼兰。

最早提到楼兰的是《史记》，当时楼兰依附于匈奴，公元前108年，汉武帝派兵出击楼兰和姑师，俘楼兰国王。之后，汉自敦煌设亭至盐水（楼兰所在区），并在罗布泊北岸设立防务。汉元凤四年（公元前77年），楼兰国改名鄯善，这就是为什么鄯善就是楼兰和楼兰突然在历史上绝迹的原因。东汉时，鄯善西到尼雅河，东到敦煌。东汉时设西域长史府，治所就设在鄯善境内的楼兰城。

楼兰东边的罗布泊，当时还是一个绿波荡漾、面积辽阔的大湖，周围可以放牧。古城大约呈正方形，边长330米，墙基宽5～9米，为夯土版

楼兰古城

177

筑。根据复原图来看，古城是中亚风格，以平顶、圆顶建筑居多，人口比较集中，也很富庶。但5世纪末，南齐使者江景玄出使高车，经过这里，发现"鄯善已为丁零（高车）所破，人民散尽"，楼兰的命运就可想而知了。

罗布泊一带、楼兰周围的一些城堡遗址，也随之荒废了。如今，罗布泊早已干涸和沙漠化，昔日的楼兰也被黄沙和历史所掩埋，只露出一些断壁残墙在提醒人们去搜寻那远去的从前。

武威古城

武威古称姑臧，又叫凉州。目前的武威是一座不起眼的县城，然而历史上却是西北的一颗明珠。汉唐之间，它是西北地区仅次于长安的第二大城市，是凉州和武威郡的首府，还是唐河西节度使的治所和"丝绸之路"上中外商人云集的都会。十六国时，前凉、后凉和北凉都在这里建都，举世闻名的国宝铜奔马，就是在这里出土的。

武威位于甘肃河西走廊东段的最大的绿洲——武威绿洲上，土肥水美，是优良的天然牧场。秦汉之际，匈奴赶走了这里的月氏和乌孙，建立了休屠王城，并在今武威城址以北30公里处建了盖臧城（即姑臧），周长20余里，从此，经济开始发展起来。

由于匈奴在这里卡住了汉朝与西域的联系，对西北构成了严重威胁，汉武帝决心拔去这颗钉子。公元前121年起，大将霍去病两次西征，把匈奴赶到了大漠以北，打通了河西走廊，开辟了"丝绸之路"，设立了酒泉、张掖、敦煌、武威河西四郡，又在四郡北面修建了长城，移民以充实人口，这里出现了兴旺发达的局面。

西汉末年的中原大乱，使许多中原人来到河西地区避难。在豪杰窦融的管理下，流民们安居乐业，绿洲经济很快地发展起来，士马精强，公私殷富，成了中外和西北各族人民的商业贸易中心。

东汉时，凉州首府就设在姑臧，当东汉末中原混战时，凉州刺史张轨却在这里进行着卓有成效的管理。他招徕流民，铸造货币，发展农牧工商业，政治稳定，经济繁荣，正是在这个基础上，他的孙子建立了前凉政权。前凉以姑臧为都，在旧城的东、西、南、北四面，建立了4个周长各500丈的子城，加上东苑、西苑，7个城连成一个大城市，宫殿则仿照长安洛阳，"穷尽珍巧"，大批的观阁池台中，灵钧台就周长 80 丈，台基高七八丈，其规模可见一斑。

前凉以后，后凉、北凉也相继在这里建都，由于长江以北的大战乱，西来的交通不能东进，姑臧就成为中西方贸易的集散地。有汗血马、火浣布（石棉布）、孔雀、巨象等各种珍奇货物 200 多种。北凉还大兴佛教，在姑臧南百里的山崖上（天梯山）大造佛像，千变万化，使人惊异。

统万城遗址

南北朝时，姑臧先后属北魏、西魏和北周，由于战乱的影响和西北各少数民族的侵扰，虽然还是凉州、武威郡的治所，但每况愈下，后来武威郡仅有 340 户，比以前更少了。

盛唐时，西北交通发达，商业繁荣，姑臧又成为陇山以西的政治、经济、军事中心。陇右、河西 33 州中，数凉州富庶繁盛。为防吐蕃和突厥，唐在这里设河西节度使，管领军马 3.3 万多人，名将牛仙客、王忠嗣、哥舒翰等都曾在这里为帅。唐诗人元稹的《西凉伎》中写道："吾闻昔日西凉州，人烟扑地桑柘稠。蒲萄酒熟恣行乐，红艳青旗朱粉楼。"这首诗形象地描写了当时的盛况，西域的文化也在此广为传播，杂技和舞蹈尤为盛行。

安史之乱以后，大伤元气的唐朝鞭长莫及，河西一带沦于吐蕃之手，丝绸之路随之衰落，户口锐减。五代时，河西仅有汉民 300 户，繁华一时的凉州七城只剩一个小城，河西走廊芳草萋萋，河西四郡与之俱荣俱损，敦煌古城也被风沙埋没了。

统万城

统万城在今陕西横山县西，现在城址基本上已被黄沙埋没。统万城的鼎盛时期在十六国时期，是大夏的都城。大夏国王赫连勃勃原是匈奴族的酋长，勇武善战，公元 407 年，称大夏天王。他是一个极端残暴的人，带有游牧民族的野蛮性和原始性，视臣民如草芥，随意虐杀。公元 413 年，赫连勃勃命叱于阿利为将作大匠，发民众 10 万户筑统万城，作为国都，取"统一天下、君临万国"之意。城基厚约 40 米，高 14 米，筑城用土都经过蒸熟杀虫，反复夯筑，筑成后硬如红砖，可磨刀斧，赫连勃勃用铁锥检验，命人用铁锥刺土，刺进一寸，就杀筑者，刺不进去，就杀刺者，矛和盾在这里没有了调和的余地。城中宫墙厚 3 丈多，比外城还要坚实，历来城池没有这样雄伟坚固的，宫中楼台高大，殿阁雄伟，装饰极其侈丽，盛时城内有 20 万人。

赫连勃勃野心勃勃，企图统一万国，似乎筑起万年不坏的城也就能保证江山永固一样，岂知其兴也暴，其亡也速，曾几何时，金城汤池都变作了土，只剩几茎荒草，一片黄沙，如今上哪里去找那琼楼玉宇、曼舞轻歌呢？

渤海古城

现在提到北大荒、黑龙江，有人就以为那里是极北苦寒之地。如果在地图上指出宁安县，你头脑中一定马上浮现出林海雪原，因为当年杨子荣的剿匪部队就曾在这里战斗过。老辈人谈起离乡背井闯关东，更让人觉得那里简直是茹毛饮血的蛮荒之地。其实就在 1200 年前，这里曾有一个文明发达、人口繁盛的渤海国，曾有一座完全是中国正统式样、城高池深、楼阁峥嵘、人物轩昂的大都城，你一定以为是天方夜谭，不过这的的确确是真的。这座古城址就在今天的东京城。

这座大城市就是几乎和唐朝相始终的渤海国都，上京龙泉府遗址。从上述情况来看，这座城市的规模、制度和文化，与中原无异，好像一座中原大城完整地飞到了塞外，成了一个世外桃源。

渤海国是我国东北以靺鞨族为主的少数民族政权，也是满族、女真人的祖先。唐玄宗开元三年（715 年），封当时的首领大祚荣为左骁卫大将军、渤海国王，因而改名为渤海国。

渤海国几乎完全汉文明化。崇儒教、佛教，用汉字汉文，采用唐朝的典章制度，和唐关系极为密切，人员往来不绝。晚唐诗人温庭筠在《送渤海王子归本国》中所写"疆理虽重海，车书本一家"，就证明了这一点。所以，渤海被称为"海东之盛国"。

渤海在五代时被辽国所灭，改称东丹，上京也改名天福。金兴起之初，一度把这里作为都城，后来由于占领了南方广大区域，都城就南移了，这里就荒废下来。凭吊古城废墟，不禁使人慨然发沧海桑田之叹。

知识链接

大理城墙

云南的大理城，简称叶榆，又称紫城，其历史可追溯至唐天宝年间，南诏王阁罗凤筑的新都羊苴咩城在今城之西三塔附近。现在的古城始建于明洪武十五年（1382 年），据文献记载，它"规模壮阔"，方圆 12 里，城墙高 2 丈 5 尺，厚 2 丈；东西南北各有一城门，上有城楼，分别称作：通海、苍山、承恩、安远；城的四角还有角楼，也各有名称：颖川、西平、孔明、长卿。城墙的外墙为砖，上列雉堞，下环城沟。城内市井俨然，布局呈棋盘状，从南到北有 5 条街，从东到西有 8 条巷。当然，这些建筑今天多数已荡然无存，有的还依稀可见，现在，保存下来的还有南北城的部分城墙。1982 年，重修南城门，门头"大理"二字是集郭沫若书法而成。

图片授权

全景网

壹图网

中华图片库

林静文化摄影部

敬 启

本书图片的编选，参阅了一些网站和公共图库。由于联系上的困难，我们与部分入选图片的作者未能取得联系，谨致深深的歉意。敬请图片原作者见到本书后，及时与我们联系，以便我们按国家有关规定支付稿酬并赠送样书。

联系邮箱：932389463@qq.com

参考书目

1. 王雅馨．图说长城——图说中国历史［M］．吉林：吉林人民出版社，2010.

2. 俞茂宏．西安古城墙和钟鼓楼［M］．西安：西安交通大学出版社，2009.

3. 罗哲文．长城［M］．北京：清华大学出版社，2008.

4. 朱明，杨国庆．南京城墙史话——文化南京丛书［M］．南京：南京出版社，2008.

5. 杨新华．但留形胜壮山河—城墙科学保护论坛论文集［M］．南京：凤凰出版社，2008.

6. 赵所生，顾砚耕．中国城墙［M］．南京：江苏教育出版社，2000.

7. 曲英杰．古代城市［M］．北京：文物出版社，2003.

8. 国家文物局文物保护司，江苏省文物管理委员会办公室，南京市文物局．中国古城墙保护研究［M］．北京：文物出版社，2001.

9. 吴松弟．中国古代都城［M］．北京：商务印书馆，1998.

10. 董鉴泓．中国古代城市建设［M］．北京：中国建筑工业出版社，1988.

11. 贺业钜．中国古代城市规划史论丛［M］．北京：中国建筑工业出版社，1986.

中国传统风俗文化丛书

一、古代人物系列（9 本）
1. 中国古代乞丐
2. 中国古代道士
3. 中国古代名帝
4. 中国古代名将
5. 中国古代名相
6. 中国古代文人
7. 中国古代高僧
8. 中国古代太监
9. 中国古代侠士

二、古代民俗系列（8 本）
1. 中国古代民俗
2. 中国古代玩具
3. 中国古代服饰
4. 中国古代丧葬
5. 中国古代节日
6. 中国古代面具
7. 中国古代祭祀
8. 中国古代剪纸

三、古代收藏系列（16 本）
1. 中国古代金银器
2. 中国古代漆器
3. 中国古代藏书
4. 中国古代石雕
5. 中国古代雕刻
6. 中国古代书法
7. 中国古代木雕
8. 中国古代玉器
9. 中国古代青铜器
10. 中国古代瓷器
11. 中国古代钱币
12. 中国古代酒具
13. 中国古代家具
14. 中国古代陶器
15. 中国古代年画
16. 中国古代砖雕

四、古代建筑系列（12 本）
1. 中国古代建筑
2. 中国古代城墙
3. 中国古代陵墓
4. 中国古代砖瓦
5. 中国古代桥梁
6. 中国古塔
7. 中国古镇
8. 中国古代楼阁
9. 中国古都
10. 中国古代长城
11. 中国古代宫殿
12. 中国古代寺庙

五、古代科学技术系列（14 本）

1. 中国古代科技
2. 中国古代农业
3. 中国古代水利
4. 中国古代医学
5. 中国古代版画
6. 中国古代养殖
7. 中国古代船舶
8. 中国古代兵器
9. 中国古代纺织与印染
10. 中国古代农具
11. 中国古代园艺
12. 中国古代天文历法
13. 中国古代印刷
14. 中国古代地理

六、古代政治经济制度系列（13 本）

1. 中国古代经济
2. 中国古代科举
3. 中国古代邮驿
4. 中国古代赋税
5. 中国古代关隘
6. 中国古代交通
7. 中国古代商号
8. 中国古代官制
9. 中国古代航海
10. 中国古代贸易
11. 中国古代军队
12. 中国古代法律
13. 中国古代战争

七、古代文化系列（17 本）

1. 中国古代婚姻
2. 中国古代武术
3. 中国古代城市
4. 中国古代教育
5. 中国古代家训
6. 中国古代书院
7. 中国古代典籍
8. 中国古代石窟
9. 中国古代战场
10. 中国古代礼仪
11. 中国古村落
12. 中国古代体育
13. 中国古代姓氏
14. 中国古代文房四宝
15. 中国古代饮食
16. 中国古代娱乐
17. 中国古代兵书

八、古代艺术系列（11 本）

1. 中国古代艺术
2. 中国古代戏曲
3. 中国古代绘画
4. 中国古代音乐
5. 中国古代文学
6. 中国古代乐器
7. 中国古代刺绣
8. 中国古代碑刻
9. 中国古代舞蹈
10. 中国古代篆刻
11. 中国古代杂技